PyTorch 机器学习
从入门到实战

校宝在线
孙 琳　蒋阳波　汪建成　项 斌　编著

图书在版编目（CIP）数据

PyTorch机器学习从入门到实战 / 校宝在线等编著. —北京：机械工业出版社，2018.10（2019.12重印）

ISBN 978-7-111-61045-8

Ⅰ. ①P… Ⅱ. ①校… Ⅲ. ①机器学习 Ⅳ. ①TP181

中国版本图书馆CIP数据核字（2018）第226208号

近年来，基于深度学习的人工智能掀起了一股热潮。本书是一本使用PyTorch深度学习框架的入门图书，从深度学习原理入手，由浅入深地阐述深度学习中的神经网络、深度神经网络、卷积神经网络、自编码器、循环神经网络等内容，同时穿插PyTorch框架的知识点和基于知识点的实例，最后综合运用PyTorch和深度学习知识来解决实践中的具体问题，比如图像识别、文本分类和命令词识别等。可以说，本书是深度学习和PyTorch的入门教程，引导读者进入机遇和挑战并存的人工智能领域。

本书针对的是机器学习和人工智能的爱好者和研究者，希望其有一定的机器学习和深度学习知识，并有一定的Python编程基础。

PyTorch机器学习从入门到实战

出版发行：机械工业出版社（北京市西城区百万庄大街22号　邮政编码：100037）
责任编辑：夏非彼　迟振春　　　　　　　　责任校对：王　叶
印　　刷：中国电影出版社印刷厂　　　　　版　　次：2019年12月第1版第3次印刷
开　　本：170mm×242mm　1/16　　　　　印　　张：12.5
书　　号：ISBN 978-7-111-61045-8　　　　定　　价：59.00元

凡购本书，如有缺页、倒页、脱页，由本社发行部调换
客服热线：（010）88379426　88361066　　　投稿热线：（010）88379604
购书热线：（010）68326294　88379649　68995259　　读者信箱：hzit@hzbook.com

版权所有·侵权必究
封底无防伪标均为盗版
本书法律顾问：北京大成律师事务所　韩光/邹晓东

序

人类自从蒙昧时代走出，经历了多次重大的技术革命，无论是以蒸汽机为代表的工业革命、以电力和内燃机为代表的第二次工业革命，还是以核能、信息技术、互联网技术为主体的第三次工业革命，都是对物质进行研究和处理的变革。蓬勃发展的 AI 时代与之有显著的区别。对于人的思维的研究和实践，AI 是真正意义上对思维进行拓荒的革命性技术变革。尽管现在的 AI 还算不上真正意义上的 AI，但是 AI 时代已经露出曙光。如今，如何占据 AI 时代的制高点已是各国政府和互联网巨头的重要课题。在商业的具体应用上，基于大数据的 AI 的优势越发凸显：在"阿里巴巴"，AI 算法基于用户购买的物品和行为进行数据挖掘，给用户画像，给用户推荐相关的商品；在"今日头条"，AI 算法根据用户阅读的文章，给用户推荐感兴趣的内容，越是用户感兴趣的领域，推荐的文章越多。

近期 AI 的爆发离不开大数据和高性能计算平台。自从互联网兴起后，数据累积的速度越来越快，一些专业领域如图像识别还出现了专门的数据集，如 ImageNet（这个数据集极大地促进了图像领域深度学习算法的进步）；同时，计算机的性能一直都呈指数级增长，特别是 GPU 领域日新月异的进步，提供了强大而高效的并行计算能力，减少了完成实验所需要的时间，大大加速了 AI 算法的进步。AI 爆发离不开算法的进步，而深度学习正是 AI 算法的主力军。那么，如何学习和使用 AI 算法呢？答案是：一个优秀的深度学习框架！PyTorch 作为一个新兴的深度学习框架，自提出之日起，便以简洁、优雅的开发语言，方便、快捷的构建模型以及易用的调试功能，赢得了广大开发者的青睐。可以说，PyTorch 是新手入门深度学习的最佳利器之一。但是目前基于 PyTorch 的深度学习书籍比较匮乏，中文资料少，体系零散，从算法入手阐述 PyTorch 框架的资料更是缺乏：要么侧重理论，对 PyTorch 的介绍深度不够；要么对 PyTorch 代码着眼太多，没有相关原理的系统介绍，激发不了学习的兴趣。

"众里寻他千百度。蓦然回首，那人却在，灯火阑珊处。"读罢本书，我十分欣喜，这不正是一本适合读者入门和实践深度学习的书吗？此书理论和实践并重，深入浅出，循序渐进地讲述深度学习的基础理论，又结合具体问题给出 PyTorch 框架的解决方法，帮助读者一步步解决问题，体验 AI 算法的强大魅力，享受解决问题的喜悦和成就感。衷心地希望有志于 AI 学习大潮的莘莘学子，能够凭借此书开启深度学习之旅。"小荷才露尖尖角，早有蜻蜓立上头。"在 AI 时代来临之际，希望读者抓住机会，早做准备，成为 AI 潮流的真正弄潮儿。

浙江工商大学研究生院院长，教授，博士生导师

琚春华

2018 年 8 月

前言

人工智能的发展日新月异，大学等研究机构和互联网巨头投入大量的经费和人力到这场没有硝烟的战争中，谁能在这场天王山之战占据有利地位，谁就能在未来的竞争中一马当先。2016 年 3 月，Google 研发的 AlphaGo 与围棋世界冠军、职业九段棋手李世石进行了惊心动魄的围棋人机大战，并以 4:1 的比分赢得胜利。2017 年 3 月，第二代的 AlphaGo 与柯洁在乌镇围棋峰会上的比赛中以 3:0 获胜。2017 年 10 月，Google 推出了最强版的 AlphaGo——AlphaGo Zero，经过 3 天的自我训练就打败了第一版的 AlphaGo，经过 40 天的自我训练打败了第二代的 AlphaGo。2018 年 5 月，Google 在 I/O 大会上推出打电话的 AI——Duplex，模仿真人的语气打电话，通过多轮对话，帮助用户完成餐馆预订和美发沙龙预约等。Google 母公司董事长宣称，Duplex 部分通过了图灵测试。（图灵测试被认为是考验机器是否拥有智能的测试：如果一个机器能在与人交流"沟通"的过程中不被识别出"机器身份"，那么这个机器就具有智能。）这个系统虽然离真正的人工智能尚远，但是这种人机交互技术对很多产业产生了深远的影响。这些影响深远的技术背后就是深度学习。

各大巨头尽力建立以深度学习框架为核心的 AI 生态系统。2017 年年初，深度学习框架 PyTorch 横空出世。这个 Facebook 推出的框架是一个支持强大 GPU 加速的张量计算，构建基于 Autograd 系统的深度学习研究平台。其一面世，就以简洁优雅的接口、能够快速实现的代码和直观灵活且简单的网络结构给业界留下了深刻的印象。作为一个在 2017 年才诞生的深度学习框架，PyTorch 相关学习文档和资料缺乏，而笔者在研究和实践的过程中进行了大量的深度学习模型构建和使用，对 PyTorch 简洁且灵活的编程风格深有体会，因此决定编写一本用 PyTorch 进行机器学习和深度学习入门的图书。

本书主要针对的是对深度学习有一定了解、希望用 PyTorch 进行机器学习和深度学习研究的初学者。阅读本书不需要太多的数学基础，但需要有一定的编程基础，特别是要求有 Python 编程经验。希望读者学完本书后，能够对深度学习有大致的了解，基本掌握 PyTorch 的使用方法，知道如何根据基于 PyTorch 的深度神经网络模型来解决实际问题，并能够利用各种模型调参的方法进行模型优化。本书仅仅是一本入门的图书，要对深度学习进行深入研究的学习者，还要更加深入阅读相关专业书籍和学术论文。

本书从机器学习原理入手，延伸到神经网络，直至深度学习，由浅入深地阐述深度学习中的各个分支，即深度神经网络、卷积神经网络、自编码器、循环神经网络等，同时穿插 PyTorch 框架的知识点和基于知识点的实例。最后，综合运用 PyTorch 和深度学习理论来解决实践中的具体问题，比如文本分类和关键词识别等。可以说，本书是深度学习和 PyTorch 的入门教程，引导读者进入机遇和挑战共存的人工智能领域。

本书的代码开源在 GitHub 上，具体地址是 https://github.com/xiaobaoonline/pytorch-in-action。代码以章节划分文件夹，每个函数的作用和细节在代码中均有注释，以便帮助理解。本书的代码在 PyTorch0.3 上运行，由于 Python2 即将过时，因此本书代码只支持 Python3。大部分代码既支持 CPU 又支持 GPU，但第 8 章有部分代码只支持 GPU，读者在运行代码的过程中要注意相关提示。

由于编者水平有限，书中难免出现不太准确的地方，恳请读者批评指正。大家可以在 https://github.com/xiaobaoonline/pytorch-in-action/issues 处提出意见和反馈，让我们在机器学习之路上共同进步。

在本书写作的过程中，得到不少人的鼓励和支持。首先要感谢校宝在线（杭州）科技股份公司（证券代码：870705）上下的鼎力支持，特别是公司董事长兼 CEO 张以弛先生的大力支持，让我们在工作之余有足够的时间投入本书写作中。然后，感谢家人的鼓励和支持，没有他们，这本书的写作将不可能完成。除此之外，在写作和编码的过程中，还参考了很多书籍和资料，在此表示感谢。

编 者

2018 年 7 月

目录

序

前言

第 1 章 深度学习介绍 1

    1.1 人工智能、机器学习与深度学习 2

    1.2 深度学习工具介绍 5

    1.3 PyTorch 介绍 7

    1.4 你能从本书中学到什么 9

第 2 章 PyTorch 安装和快速上手 11

    2.1 PyTorch 安装 12

        2.1.1 Anaconda 安装 12

        2.1.2 PyTorch 安装 19

    2.2 Jupyter Notebook 使用 19

    2.3 NumPy 基础知识 22

        2.3.1 基本概念 23

        2.3.2 创建数组 24

        2.3.3 基本运算 26

        2.3.4 索引、切片和迭代 27

        2.3.5 数组赋值 32

        2.3.6 更改数组的形状 33

        2.3.7 组合、拆分数组 34

        2.3.8 广播 35

2.4 PyTorch 基础知识 37
2.4.1 Tensor 简介 37
2.4.2 Variable 简介 38
2.4.3 CUDA 简介 38
2.4.4 模型的保存与加载 39
2.4.5 第一个 PyTorch 程序 40

第 3 章 神经网络 43

3.1 神经元与神经网络 44
3.2 激活函数 46
3.2.1 Sigmoid 47
3.2.2 Tanh 48
3.2.3 Hard Tanh 49
3.2.4 ReLU 50
3.2.5 ReLU 的扩展 51
3.2.6 Softmax 54
3.2.7 LogSoftmax 55
3.3 前向算法 55
3.4 损失函数 57
3.4.1 损失函数的概念 57
3.4.2 回归问题 57
3.4.3 分类问题 58
3.4.4 PyTorch 中常用的损失函数 59
3.5 反向传播算法 62
3.6 数据的准备 65
3.7 PyTorch 实例：单层神经网络实现 66

第 4 章 深度神经网络及训练 70

4.1 深度神经网络 72
4.1.1 神经网络为何难以训练 72
4.1.2 改进策略 74
4.2 梯度下降 75
4.2.1 随机梯度下降 75
4.2.2 Mini-Batch 梯度下降 75

4.3 优化器...77
4.3.1 SGD 77
4.3.2 Momentum 77
4.3.3 AdaGrad 78
4.3.4 RMSProp 79
4.3.5 Adam 80
4.3.6 选择正确的优化算法 81
4.3.7 优化器的使用实例 82
4.4 正则化...85
4.4.1 参数规范惩罚 85
4.4.2 Batch Normalization 86
4.4.3 Dropout 87
4.5 PyTorch 实例：深度神经网络实现 89

第 5 章 卷积神经网络 93

5.1 计算机视觉 95
5.1.1 人类视觉和计算机视觉 95
5.1.2 特征提取 95
5.1.3 数据集 97
5.2 卷积神经网络 100
5.2.1 卷积层 102
5.2.2 池化层 104
5.2.3 经典卷积神经网络 105
5.3 MNIST 数据集上卷积神经网络的实现 110

第 6 章 嵌入与表征学习 114

6.1 PCA 115
6.1.1 PCA 原理 115
6.1.2 PCA 的 PyTorch 实现 116
6.2 自编码器 117
6.2.1 自编码器原理 118
6.2.2 PyTorch 实例：自编码器实现 118
6.2.3 PyTorch 实例：基于自编码器的图形去噪 122
6.3 词嵌入 125

         6.3.1　词嵌入原理 125
         6.3.2　PyTorch 实例：基于词向量的语言模型实现 128

第 7 章　序列预测模型 132

   7.1　序列数据处理 133
   7.2　循环神经网络 134
   7.3　LSTM 和 GRU 138
   7.4　LSTM 在自然语言处理中的应用 142
         7.4.1　词性标注 142
         7.4.2　情感分析 144
   7.5　序列到序列网络 145
         7.5.1　序列到序列网络原理 145
         7.5.2　注意力机制 146
   7.6　PyTorch 实例：基于 GRU 和 Attention 的机器翻译 147
         7.6.1　公共模块 147
         7.6.2　数据处理 147
         7.6.3　模型定义 151
         7.6.4　训练模块定义 155
         7.6.5　训练和模型保存 161
         7.6.6　评估过程 162

第 8 章　PyTorch 项目实战 165

   8.1　图像识别和迁移学习——猫狗大战 166
         8.1.1　迁移学习介绍 166
         8.1.2　计算机视觉工具包 166
         8.1.3　猫狗大战的 PyTorch 实现 167
   8.2　文本分类 172
         8.2.1　文本分类的介绍 173
         8.2.2　计算机文本工具包 174
         8.2.3　基于 CNN 的文本分类的 PyTorch 实现 174
   8.3　语音识别系统介绍 182
         8.3.1　语音识别介绍 182
         8.3.2　命令词识别的 PyTorch 实现 183

第 1 章
◀ 深度学习介绍 ▶

围棋号称人类最复杂的棋类运动，但近两年来，在 AlphaGo 的冲击下，已经溃不成军。继 2016 年 AlphaGo 以 4:1 击败韩国李世石，2017 年 AlphaGo Master 以 3:0 零封柯洁后，最新的 Alpha Zero 在没有棋谱的情况下，进行 3 天的自我训练后，就击败了 AlphaGo；经过 40 天训练后，击败了 AlphaGo Master。在 AlphaGo 背后隐藏的知识就是近来发展如火如荼的深度学习。深度学习不仅在围棋领域大放异彩，在图像识别、语音识别、自然语言处理等领域也全面开花。人们对深度学习充满了渴望，向往到该领域学习和发展。几乎所有的计算机课程里面都会包含人工智能和深度学习。在各种媒体、学术和其他会议中，人工智能和深度学习也都是热门的话题。

开宗明义，本书第 1 章将简单扼要地介绍说明什么是人工智能及其历史的沿革，讲述人工智能研究的流派，以及最新发展起来的深度学习，阐明人工智能、机器学习和深度学习的联系和区别。接着介绍一个优秀的深度学习框架——PyTorch，阐述 PyTorch 这一年多来的发展历程及支持的厂商和研究机构。PyTorch 的 API 封装合理，具有几乎原生的 Python 使用体验，支持动态网络的构建，支持扩展等。正是由于 PyTorch 的优越特性，本书也通过 PyTorch 框架来进行深度学习的学习。随后介绍主流深度学习工具 TensorFlow、Theano、Keras、Caffe/Caffe2、MXNet 和 CNTK 以及它们的优缺点。最后，介绍本书的结构，方便学习者快速有效地使用本书，无论是初学者还是经验丰富的研究人员或者从业者，都能够从本书学到所需的知识，进入人工智能这个充满魔力和激情的领域。

1.1 人工智能、机器学习与深度学习

维基百科词条指出,人工智能(Artificial Intelligence),也称为机器智能,是指由人制造出来的机器所表现的智能。通常人工智能是指通过普通计算机程序的手段实现的人类智能技术。广义上的人工智能,是让机器拥有完全的甚至超越人类的智能(General AI 或者 Strong AI)。计算机科学当中的研究更多聚焦在弱人工智能(Narrow AI 或者 Weak AI)上:人工智能是研究如何能让计算机模拟人类的智能,来实现特定的依赖人类智能才能实现的任务(例如学习、语言、识别)。

最早的人工智能探索可以追溯到 1818 年 Mary Shelly 对于复制人体的想象。计算机科学家先驱(例如 Alan Turing)早在 1950 年就完整提出了计算机智能的概念,并且提出了如何评估计算机是否拥有智能的测试——图灵测试,如图 1-1 所示。尽管有争议(例如 Chinese Room Test),这项测试今天依然被很多研究人员当作测试人工智能的一项重要标准。人工智能这个名字的正式提出来自于 1956 年的 Darmouth 会议。从 20 世纪 50 年代到 90 年代,人工智能在跌跌撞撞中前进,期间经历了两次人工智能寒冬。在 2000 年后,随着互联网时代的发展,人工智能领域拥有了期盼已久的大数据,也有了足够快的硬件处理能力的支持。在 2010 年深度学习出现之后,给人工智能领域带来了一场革命,大大加快了人工智能领域的研究。不过,这个领域的发展才刚刚起步,人工智能的未知世界,可能比计算机科学的其他领域(例如硬件、安全、系统)的总和还要多。

图 1-1 Mary Shelly 关于复制人体的想象及人工智能之父

人工智能的研究，分为多种学派，例如符号主义和连接主义等。每种学派所有的方法完全不同，甚至尝试解决的问题也不一样。符号主义源自于数理逻辑，目前依然是主流学派之一（例如知识图谱）。机器学习则是连接主义的产物，机器学习中最早的模型是源自于人脑的仿生学，我们书中会讲到的感知机（Perceptron）就是对于人脑单一神经元的模拟。基于统计学的方法，例如决策树、支撑向量机、逻辑回归等也被归于此类算法当中。从广义上讲，机器学习是从数据中自动学习算法，并且使用学习到的算法去进行预测。机器学习所学习到的算法，是自动从数据中学习的，随着数据改变也会有本质上的改变。这与传统计算机科学中面对数据提前编程有本质区别。

深度学习是使用深度神经网络来实现机器学习的方法。如图 1-2 所示，我们可以看到人工智能、机器学习和深度学习这三者的关系。深度神经网络跟人脑的模型有相似性，人脑中每个神经元之间都是可以连接的，而深度神经网络中，神经元往往被分为了很多层，从而有了深度。拿图像识别（如图 1-3 所示）来举例子，图像可以被裁剪成很多小块，然后输入到神经网络的第一层，接着第一层再向后面的层传导，每层做不同的任务，然后最后一层完成预测。每个神经元对于输入都有权重，这些权重被用来计算最后的输出。例如图像识别的例子，有些神经元被用来识别颜色，有些被用来识别形状，最后一层的神经元对于所有权重进行总结，最终做出预测。

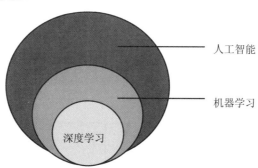

图 1-2 人工智能、机器学习和深度学习的关系

图 1-3 识别猫是深度神经网络最早的成功之一

深度学习在所有人工智能领域当中都取得了成功。以 ImageNet 图像分类任务举例，深度学习自 2012 年以来早已远远超过了传统的机器学习算法，在 2014 年之后甚至超过了人类的正确率，如图 1-4 所示。（蓝色为非深度学习，紫色为深度学习，红色为人类。）

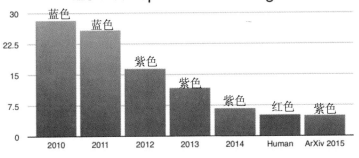

图 1-4　ImageNet 图像分类错误率

为什么深度学习能获得成功呢？主要是由于以下三个因素的影响。

第一个因素是深度学习神经网络增加了学习能力。例如，传统的规则系统，100%依赖于人工规则。而机器学习模型，往往要依赖于少量人工设计的特征，深度学习模型则几乎不依赖任何人工定义的特征和规则，如图 1-5 所示。

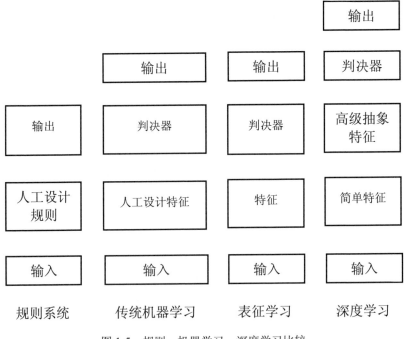

图 1-5　规则、机器学习、深度学习比较

另外两个因素是深度神经网络以外的因素，也不可忽视。一个因素是由于互联网时代的积累，我们有了更多的数据来训练模型。另一个因素是硬件的飞速发展，特别是 GPU 的出现，让深度学习所需要的高带宽的超大规模计算变成了可能。以图像识别任务进行对比（见图 1-6），2012 年和 1998 年相比，神经网络的复杂程度增加了几十倍，训练数据的数量有了千万倍的飞跃，同时所用的计算能力也增强了千倍。

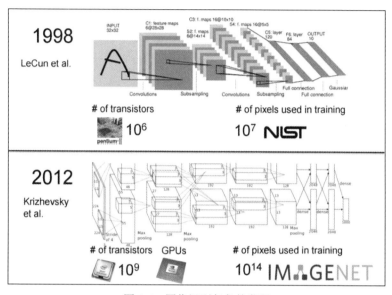

图 1-6　图像识别任务的发展

1.2　深度学习工具介绍

从事深度学习的学习、研究和工作的时候，深度学习框架的选择很重要，一个合适的深度学习框架，可以让你在学习和使用中如鱼得水，登高山如履平地；不太合适的深度学习框架，让你举步维艰，需要更长的时间来掌握和使用。当然，选择深度学习框架不止这些，有些适合研究用，有些适合工业领域使用，等等。在深度学习的发展过程中，高校和公司巨头开发了各种各样的深度学习框架，尤其是各大互联网巨头，Google、微软、亚马逊、Facebook 围绕人工智能开展了一系列的投资，各自支持了一系列的开源深度学习框架，人工智能领域的"跑马圈地"正进行得如火如荼。目前主要的深度学习框架有 TensorFlow、Caffe/Caffe2、Theano、Keras 和 CNTK 等。百度提出了自己的深度学习框架，即 PaddlePaddle。这些框架广泛地应用于计算机视觉、语音识别、自然语言处理、医疗诊断、生物信息学等领域。下面就简要地说明当前深度学习领域影响力较大的几个框架。

1. Theano

Theano 是加拿大蒙特利尔大学 LISA 实验室在 2008 年提出的深度学习框架，是一个 Python 库，可用于定义、优化和计算数学表达式，特别是多维数组。Theano 结合了计算机代数系统（Computer Algebra System）和优化编译器，能够为多种数学运算符生成定制的 C 语言代码，同时，它还支持 GPU 加速，为早期的深度学习研究立下了汗马功劳。Theano 在深度学习框架中是祖师级的存在，但它诞生于研究机构，学术气息浓厚，工程设计存在缺陷。在 2017 年 9 月，在 Theano 10.0 发布之际，LISA 实验室负责人，深度学习三巨头之一的 Yoshua Bengio 宣布 Theano 停止开发。尽管 Theano 已经完成了使命，但它为深度学习的早期研究提供了极大的帮助，同时也为后来的深度学习框架开发奠定了方向：以计算图为框架的核心，采用 GPU 加速计算。

2. TensorFlow

2015 年 11 月，Google 推出了机器学习开源工具 TensorFlow。TensorFlow 是由 Google Brain 团队开发的，主要用于机器学习和深度神经网络研究。同时，它也是一个基础系统，能够应用于其他领域。TensorFlow 使用 C++作为开发语言，使用计算流图的形式进行计算。图中节点表示数学运算，而图中的线条表示 Tensor 之间的交互。TensorFlow 对开发不是很友好，但是方便部署，不仅可以在 CPU 和 GPU 上运行，还可以在台式机、服务器、移动设备上运行。

在 Google 的强大号召力下，加上支持各种语言和硬件，TensorFlow 是目前流行的深度学习框架，在工业上应用广泛，有强大的开发者社区。但是 Tensorflow 的系统设计过于复杂，对于初学者来讲，学习曲线有点陡峭。同时，Tensorflow 作为静态图框架，不太方便直接调试，打印中间结果必须借助 Session 运行才能生效，或者学习额外的 tfgdb 工具。

3. Caffe/Caffe2

Caffe 的全称是 Convolutional Architecture for Fast Feature Embedding，是加州大学伯克利分校的贾扬清开发的，目前由伯克利视觉中心维护。这是一个清晰、高效的深度学习框架，核心语言是 C++，支持命令行、Python 和 MATLAB 接口，在 CPU、GPU 均可运行。Caffe2 沿袭了大量的 Caffe 设计，并解决了 Caffe 在使用和部署上发现的问题。Caffe2 能够提供速度和便携性，其 Python 库和 C++ API 使用户在 Linux、Windows、iOS、Android，甚至 Raspberry 和 Nvidia Tegra 上进行原型设计、训练和部署。由于 Caffe2 对全平台的支持，适合工业部署。

4. MXNet

MXNet 是由李沐和陈天奇等人开发的深度学习库。2016 年，成为亚马逊云计算的官方深度学习平台。MXNet 支持 C++、Python、R、Scala、Julia、MATLAB

及 JavaScript 等语言；支持命令行和符号编程；可以运行在 CPU、GPU、集群、服务器、台式机和移动设备。MXNet 分布式性能强大，对显存、内存优化明显。为了完善 MXNet 生态圈，MXNet 推出了类 PyTorch 设计的 Gluon，未来 Gluon 还将支持微软的 CNTK。

5. CNTK

2016 年 1 月，微软开源了自身的深度学习开发框架——认知工具集 CNTK（Cognitive Toolkit）。CNTK 是由微软研究院基于 C++开发的工具包。CNTK 最初为微软内部为黄学东进行语音识别等任务进行开发的。根据微软官方的介绍，CNTK 是一个统一的计算网络框架，将深度神经网络描述为一系列通过有向图的计算步骤。在有向图中，每个节点代表一个输入值或一个网络参数，每个边表示在其中的一个矩阵运算。CNTK 提供了实现前向计算和梯度计算的算法。CNTK 支持 CPU、GPU 模式。CNTK 文档比较缺乏，推广不是很有力，导致现在的使用者较少，但 CNTK 在语音识别领域的效果比较显著。

6. Keras

Keras 是一个高级神经网络 API，由纯 Python 编写并使用 TensorFlow、Theano 及 CNTK 作为后端。从严格意义上讲，Keras 并不能称为一个深度学习框架，是一个深度学习的接口，调用其他深度学习框架。学习 Keras 十分容易，以类似 Python 的方式进行编码，但是使用 Keras 相当于调用接口，很难真正学习到深度学习的知识。同时，由于 Keras 支持各个框架，为了提供一致的接口，Keras 做了层层封装，导致用户获取底层的数据信息困难，有了 Bug，也不好验证处理。

1.3 PyTorch 介绍

PyTorch 是一个年轻的框架。2017 年 1 月 28 日，PyTorch 0.1 版本正式发布，这是 Facebook 公司在机器学习和科学计算工具 Torch 的基础上，针对 Python 语言发布的全新的深度学习工具包。PyTorch 类似 NumPy，并且支持 GPU，有着更高级而又易用的功能，可以用来快捷地构建和训练深度神经网络。一经发布，它便受到深度学习和开发者们广泛关注和讨论。经过一年多的发展，目前 PyTorch 已经成为机器学习和深度学习者重要的研究和开发工具之一。

2017 年 7 月，Facebook 和微软宣布，推出开放的 Open Neural Network Exchange（ONNX，开放神经网络交换）格式，ONNX 为深度学习模型提供了一种开源格式，模型可以在不同深度学习框架下进行转换。亚马逊的 AWS 接着加入进来，2017 年 10 月，Intel、Nvidia、AMD、IBM、Qualcomm、ARM、联发科和华为等厂商纷纷加入 ONNX 阵营，ONNX 生态圈正式形成。ONNX 生态系除了原本支持的开源软件框架 Caffe2、PyTorch 和 CNTK，也包含 MXNet 和 TensorFlow。PyTorch 是一套以研究为核心的框架，但是用 PyTorch 开发的算法模型可以通过 ONNX 转换，可用于其他主流深度学习框架。

2017 年 8 月，PyTorch 0.2 版本发布，增加分布式训练、高阶导数、自动广播法则等众多新特性。

2017 年 12 月，PyTorch 0.3 版本发布，性能改善，对计算速度进行优化，同时一个重大的更新是模型转换，支持 DLPack、支持 ONNX 格式，可以把 PyTorch 模型转换到 Caffe2、CoreML、CNTK、MXNet、TensorFlow 中。

2018 年 4 月 25 日，PyTorch 官方在 github 上发布了 0.4.0 版本，新版本做了非常多的改进，其中最重要的改进是官方支持 Windows 系统。

2018 年 10 月 3 日，首届 PyTorch 开发者大会上，FaceBook 正式发布 PyTorch1.0 预览版。PyTorch 1.0 框架主要迎来了三大更新：第一，添加了一个新的混合前端，支持从 Eager 模式到图形模式的跟踪和脚本模型，以弥合研究和生产部署之间的差距；第二，增加了经过改进的 torch.distributed 库，使得开发者可以在 Python 和 C++环境中实现更快的训练；第三，增加了针对关键性能研究的 Eager 模式 C++接口。在 PyTorch 1.0 版本中，Facebook 将现有 PyTorch 框架的灵活性与 Caffe2（2018 年 5 月宣布 Caffe2 并入 PyTorch）的生产能力结合，提供从研究到 AI 研究产品化的无缝对接。

可以看到 PyTorch 更新频率是很快的，可见 FaceBook 对其支持力度。开源社区和机器学习从业者也对 PyTorch 响应热烈。

面对众多的深度学习框架，为什么要选择 PyTorch？PyTorch 有哪些鲜明的特点呢？

（1）PyTorch 使用 Python 作为开发语言，使得开发者能接入广大的 Python 生态圈的库和软件。同时，在 PyTorch 开发中，数据处理类型类似数据计算包 Numpy 的矩阵类型，代码风格类型机器学习包 Scikit-Learn，方便广大的机器学习者进入深度学习这个新的领域。

（2）目前大多数开源框架（比如 TensorFlow、Caffe、CNTK、Theano 等）采用静态计算图，而 PyTorch 采用动态计算图。静态计算图要求对网络模型先定义再运行，一次定义多次运行。动态计算图可以在运行过程中定义，运行的时候构建，可以多次构建多次运行。静态图的实现代码冗长，不直观。动态图的实现简洁优雅，直观明了。动态计算图的另一个显著优点是调试方便，可随时查看变量的值。由于模型可能会比较复杂，如果能直观地看到变量的值，就能够快速构建好模型。

（3）PyTorch 的 API 设计简洁优雅，方便易用。PyTorch 的 API 设计思想来源于 Torch，Torch 的 API 设计以灵活易用而闻名，Keras 作者就是受 Torch 的启发而开发了 Keras。PyTorch 有种使用 Keras 的快感，就是来源于此。相比而言，TensorFlow 就臃肿难用多了。

（4）PyTorch 支持 ONNX 格式，补齐了最后一块短板——生产环境的部署。生产环境包括有移动设备、嵌入式设备和云端设备。原本因 PyTorch 过于灵活，不太合适部署生产环境和大规模部署，但将深度学习应用部署到生产环境变得越来越重要，ONNX 的横空出世解决了这一难题。可以用 PyTorch 做研究，然后用 ONNX 转换为 Caffe2 部署到生产环境。值得一提的是，Caffe2 也是 Facebook 开发的，是 Caffe 的最新版本。

PyTorch 开发语言简洁优雅，方便快速构建模型，同时调试的功能便于发现和改进错误。可以说，PyTorch 是入手深度学习的最佳利器。使用 PyTorch 的公司和研究机构很多，见图 1-7。

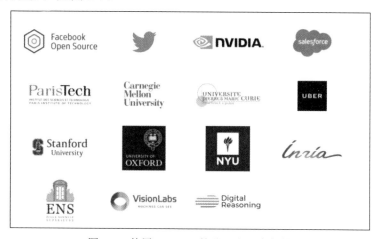

图 1-7　使用 PyTorch 的公司和研究机构

1.4　你能从本书中学到什么

本书从深度学习原理入手，由浅入深阐述深度学习中的神经网络、深度神经网络、卷积神经网络、自编码器、循环神经网络等知识，同时穿插学习 PyTorch 框架的各个知识点和基于知识点的实例。最后，综合运用 PyTorch 和深度学习理论来解决实践中的具体问题，例如图像识别、文本分类和关键词识别等。可以说，本书是深度学习和 PyTorch 的入门教程，同时也引领读者登堂入室，使用基于 PyTorch 的深度学习来解决具体问题。

本书后续章节的结构如下：

第 2 章介绍 PyTorch 安装和学习环境的配置，同时介绍 NumPy 和 PyTorch 基础知识，让读者对基础知识（数据类型、变量类型、微分模型、模型存储和加载、GPU 训练）有直观的了解，实现第一个基于 PyTorch 的实例，用线性回归算法拟合曲线。

第 3 章介绍神经网络，包括的知识点有神经元、激活函数、前向算法、损失函数、后向算法。这些算法在 PyTorch 中有各自的具体函数，了解 PyTorch 中数据加载的方法，用 PyTorch 实现一个简单的神经网络，解决 Iris 花的分类问题。

第 4 章介绍深度神经网络和神经网络的训练技巧，阐述梯度下降算法和各种优化器（AdaGrad、RMSProp、Momentum、Adam），介绍正则化方法（L1、L2 正则化，批归一化和 Dropout），使用 PyTorch 在 MNIST 数据集上实现基于深度神经网络的分类实例。。

第 5 章介绍卷积神经网络，讲述计算机视觉原理、卷积神经网络的具体实现（卷积层和池化层）、表现优异的各种卷积神经网络（VGG、AlexNet 等），以及使用 PyTorch 在 MNIST 数据集上实现基于卷积神经网络的分类实例。

第 6 章介绍嵌入和表征学习，介绍嵌入模型、PCA、自编码器、词嵌入模型以及它们在图像去噪上的应用。

第 7 章介绍序列预测模型 RNN、LSTM、GRU 及其在自然语言处理上的应用。使用 PyTorch 实现基于 GRU 和 Attention 的机器翻译实例。

第 8 章是项目实战，第 1 个项目是 Kaggle 猫狗识别竞赛项目，通过该项目学习图像预处理和加载、卷积神经网络及迁移学习，了解迁移学习对模型性能的改善；第 2 个项目是文本分类，通过该项目学习 torchtext、词向量、预训练的神经网络，了解预训练词向量对文本分类性能提高的作用；第 3 个项目是语音识别实例——命令词识别，学习音频处理中的特征提取，实现相关深度学习模型对关键词进行识别。

本书针对的对象是机器学习和人工智能的爱好者和研究者，希望其能够有一定的机器学习和深度学习知识，有一定的 Python 编程基础。本书没有很多的数学推导，想了解详细推导的读者可以阅读参考文献。希望读者能够从代码入手，从实践入手，通过本书，进入人工智能领域，开创更加美好的未来。

第 2 章
◀ PyTorch安装和快速上手 ▶

前一章我们介绍了深度学习、PyTorch 框架等背景知识，本章开始先示范 PyTorch 安装过程以及在 Jupyter Notebook 中如何编写和执行 Python 代码，随后介绍有关 NumPy、PyTorch 的基础知识，最后以一个线性回归的示例为读者展现 PyTorch 的使用，以达到快速上手的目的。

2.1 PyTorch 安装

由于 PyTorch 依赖 Python 和一些科学计算包，本书示例还会使用到一款交互式的 IDE——Jupyter Notebook。为了能够快速上手，避免搭建环境的烦琐过程，本节重点介绍如何基于 Anaconda 进行 PyTorch 的安装。如无特别说明，本书代码内容统一使用 Python3.x 运行。

2.1.1 Anaconda 安装

Anaconda 是一个目前比较流行的用于科学计算和信号处理等领域的 Python 发行版，其提供了大规模数据处理、预测分析和科学计算工具，该软件不仅包括 NumPy、Scipy、Pandas 和 Matplotlib 等用于机器学习常见的包，还有 Beautiful Soup、Requests、Flask 等网络应用开发相关的扩展。

主页地址为 https://www.anaconda.com/。

Anaconda 的特点如下：

- 完全开源和免费；
- 支持 Windows、Linux、Mac 三大平台；
- 支持 Python 2.x 和 3.x，并且可以随时切换；
- 包含了众多流行科学计算、数据分析等 Python 包；
- 包含了 Jupyter、Spyder 和 RStudio 等流行的 IDE。

1. 安装 Linux 版本

步骤 01 在浏览器中打开下载页面（https://www.anaconda.com/download/），找到符合的 Linux 版本和 Python 版本，单击链接下载，如图 2-1 所示。截止到本书发稿时，Anaconda 的版本为 5.0.1，本章后续内容均以 Anaconda3 版本为例。

步骤 02 使用 bash 执行 sh 安装文件。

```
Python 3.x: bash ~/Downloads/Anaconda3-5.0.1-Linux-x86_64.sh
```

步骤 03 在看到 "In order to continue the installation process, please review the license agreement." 提示时按 Enter 键查看授权条款，拖动滚动条至底部确认同意。

步骤 04 按 Enter 键确认安装位置。

步骤 05 等待显示 "Thank you for installing Anaconda<2 or 3>!" 说明安装成功。

第 2 章　PyTorch 安装和快速上手

图 2-1　Anaconda For Linux 下载界面

2. 安装 macOS 版本

（1）通过图形化界面安装

步骤 01 在下载页面选择 macOS 选项卡，找到合适的 Graphical Installer 版本和 Python 版本，单击链接下载，如图 2-2 所示。

图 2-2　Anaconda For macOS 下载界面

步骤 02 双击下载好的 pkg 文件，选择"Install for me only"，单击"Continue"按钮进入下一步，如图 2-3 所示。

13

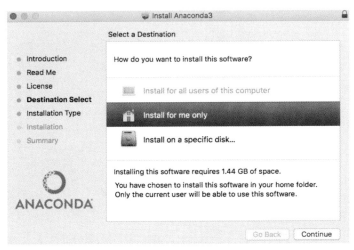

图 2-3　Anaconda For macOS 安装界面 1

步骤 03　在安装类别中选择合适的位置，推荐使用默认位置，如图 2-4 所示。单击"Install"按钮进行安装。

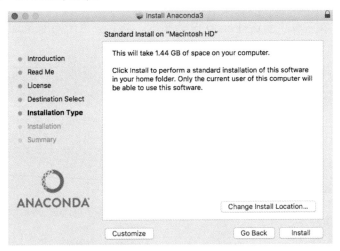

图 2-4　Anaconda For macOS 安装界面 2

步骤 04　顺利进入安装成功界面，如图 2-5 所示。

第 2 章　PyTorch 安装和快速上手

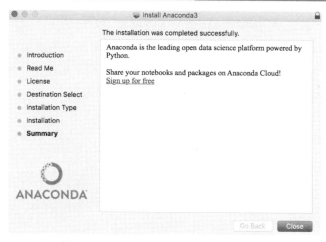

图 2-5　Anaconda For macOS 安装界面 3

（2）通过命令行安装

步骤 01　在下载页面选择 macOS 选项卡，找到合适的 Command-Line Installer 版本和 Python 版本，单击链接下载。

步骤 02　使用 bash 执行 sh 安装文件。

```
Python 3.x: bash ~/Downloads/Anaconda3-5.0.1-MacOSX-x86_64.sh
```

步骤 03　按 Enter 键进入授权条款显示，拖动滚动条至底部确认同意。

步骤 04　按 Enter 键确认安装位置。

步骤 05　等待显示 "Thank you for installing Anaconda!" 说明安装成功。

3. 安装 Windows 版本

步骤 01　在浏览器中打开下载页面（https://www.anaconda.com/download/），找到合适的 Windows 版本和 Python 版本，单击链接下载，如图 2-6 所示。

图 2-6　Anaconda For Windows 安装界面 1

步骤02 如果是 Administrator 账户直接双击下载好的 exe 文件（官方不建议使用 Administrator 账户直接进行安装，而是通过右击在弹出的快捷菜单中选择"Run as administrator"命令运行），单击"Next"按钮进入下一步。注意，检查当前用户名不要包含空格或 Unicode 字符（特别是中文）。

步骤03 阅读条款并单击"I Agree"按钮进入下一步。

步骤04 推荐选择"Just Me"单选按钮，单击"Next"按钮进入下一步，如图 2-7 所示。

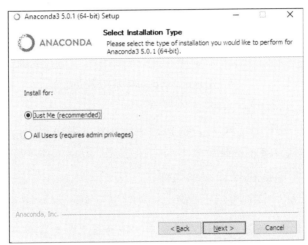

图 2-7　Anaconda For Windows 安装界面 2

步骤05 选择合适的安装目录，单击"Next"按钮进入下一步，如图 2-8 所示。注意，目录路径不要包含空格或 Unicode 字符。

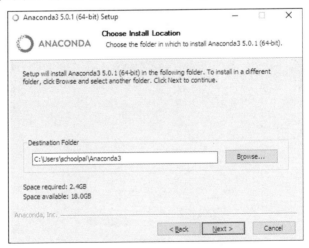

图 2-8　Anaconda For Windows 安装界面 3

步骤 06 勾选第二个复选框，注册系统对 Python 默认识别，单击"Install"按钮进入下一步，如图 2-9 所示。注意，第一个复选框将影响环境变量，如果之前没有安装过或已卸载 Python 或 Anaconda 可以勾选。

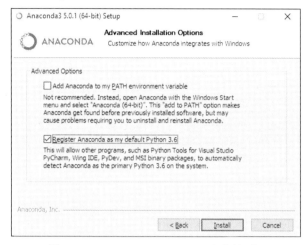

图 2-9　Anaconda For Windows 安装界面 4

步骤 07 顺利进入安装成功界面。

4. 验证 Anaconda 安装

步骤 01 打开命令行终端。

- Windows：从"开始"菜单打开 Anaconda Prompt。
- MacOS：打开 Launchpad，选择 Terminal or iTerm。
- Linux–CentOS：打开 Applications→System Tools→Terminal。
- Linux–Ubuntu：从左侧菜单中打开 Dash 输入"terminal"。

步骤 02 在命令行终端中输入"conda list"，将显示已安装的包以及它们版本的列表。

步骤 03 输入"python –version"，将显示包含"Anaconda"字样内容的 Python 版本号。

在 Windows 下如果验证出现错误，可将 Anaconda 的安装目录以及\Scripts 和 \Library\bin 目录添加到 path 环境变量中。

5. 关于 Anaconda 镜像站

清华大学提供了一个开源软件镜像站，主页为 https://mirror.tuna.tsinghua.edu.cn/，因而 Anaconda 安装包也可以到 https://mirrors.tuna.tsinghua.edu.cn/anaconda/archive/下载，如图 2-10 所示。

图 2-10　清华大学镜像站

添加镜像站到 Anaconda 需要运行以下命令：

```
conda config --add channels https://mirrors.tuna.tsinghua.edu.cn/anaconda/pkgs/main/
conda config --add channels https://mirrors.tuna.tsinghua.edu.cn/anaconda/pkgs/free/
conda config --set show_channel_urls yes
```

运行 conda install numpy 测试一下吧，速度提升不少。

6. 关于 pip 源

pip 也是安装 Python 包的常用命令行工具，pip 源和 Anaconda 镜像作用一样，也可以另外添加。Linux 系统 pip 的配置文件在 "~/.pip/pip.conf"，而 Windows 系统 pip 的配置文件在 "%HOMEPATH%\pip\pip.ini"，在相应的目录下新建好 pip.ini 文件，内容如下（这里使用的是清华的源）：

```
[global]
index-url = https://pypi.tuna.tsinghua.edu.cn/simple
```

另外两个推荐的 pip 源为：

- 豆瓣源：http://pypi.douban.com/simple。
- 阿里云源：http://mirrors.aliyun.com/pypi/simple。

到目前为止，我们已经把 PyTorch 依赖的环境安装完成了。

2.1.2 PyTorch 安装

在有了 Anaconda 之后，接着安装 PyTorch 就简单多了。打开 PyTorch 官网 http://pytorch.org，找到如图 2-11 所示的位置。

图 2-11　PyTorch 下载界面

如图 2-11 所示，选择符合的操作系统、包管理工具、Python 的版本、选择是否支持 CUDA，完成一系列配置后就可以复制"Run this command"后面的代码，直接打开命令行终端粘贴运行，即完成 PyTorch 的安装。

验证 PyTorch 安装结果很简单，在 Python 交互命令环境下输入"import torch"即可。如果没有异常，就说明安装成功了。

2.2　Jupyter Notebook 使用

Jupyter Notebook（此前被称为 IPython Notebook）是一个交互式笔记本，支持运行多种编程语言。这个笔记本可以编写代码、实时执行、可视化结果和嵌入资源，常用于数据分析和机器学习。基于网络分享内容也很方便，在需要文本和代码结合的场景下进行交流时，它是不可多得的首选环境。

Jupyter 是 Anaconda 默认安装的部分之一，如果按照前面的步骤，已经安装了 Anaconda 的话，就可以马上进入 Jupyter Notebook。先打开终端输入如下命令：（Windows 环境下请打开控制台命令行工具）

```
jupyter notebook
```

按 Enter 键执行命令之后，有类似下面这样的信息显示：

```
JupyterLab v0.27.0
Known labextensions:
    [I 11:26:15.365 NotebookApp] Running the core application with no additional extensions or settings
    [I 11:26:15.473 NotebookApp] Serving notebooks from local directory: /home/schoolpal
    [I 11:26:15.474 NotebookApp] 0 active kernels
    [I 11:26:15.474 NotebookApp] The Jupyter Notebook is running at: http://localhost:8888/
    [I 11:26:15.474 NotebookApp] Use Control-C to stop this server and shut down all kernels (twice to skip confirmation).
```

这段内容最重要的是启动 Jupyter 的地址 http://localhost:8888/，之后若想手动打开 Jupyter，可以在浏览器中输入这个 Url。第一次会自动使用系统默认浏览器打开 Jupyter 主界面，如图 2-12 所示。

图 2-12　Jupyter 运行界面

单击右上角的"New"按钮，选择类型为 Python3 的 Notebook，创建一个可以运行 Python 的笔记本，如图 2-13 和图 2-14 所示。

图 2-13　Jupyter 创建笔记界面

图 2-14　Jupyter 创建笔记界面 2

在新打开的标签页中，我们会看到一个空白的 Notebook 编辑界面。编辑界面由菜单栏、工具栏和编辑区域组成，可以使用菜单栏右侧的帮助菜单慢慢熟悉这些菜单和工具。下方的编辑区域又被称为单元格的部分组成。每个 Notebook 由多个单元格构成，而每种类型的单元格又可以有不同的用途。默认有一个以 [ ] 开头的代码单元格（code cell），在代码单元格中，可以输入相应的代码片段，其代码应符合右上角显示的内核类型（可以理解为能被执行的语言类型），现在看到的默认示例是 Python3。尝试输入"print("Hello Jupyter!")"并按下 Shift + Enter 组合键之后，在单元格下方就会显示执行结果，光标也会被移动到一个新的单元格中，如图 2-15 所示。

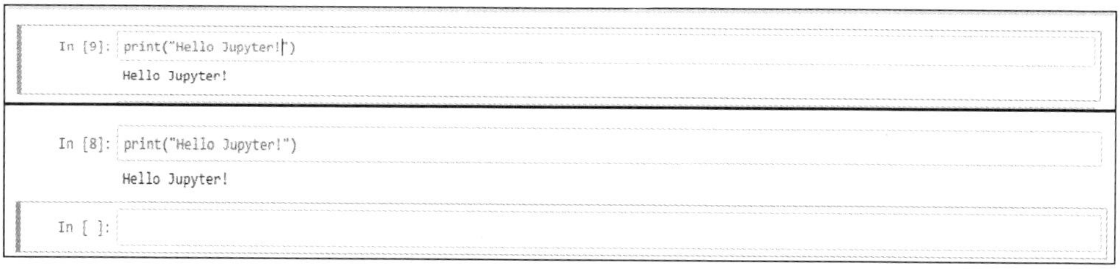

图 2-15　Jupyter 编辑界面

可以注意到，执行前后单元格的边框线是不一样的，由此我们可以通过它识别出单元格的状态，绿色表示当前是选中的单元格，蓝色表示的是执行到停止的单元格。接下来在第二个单元格中尝试输入一段有逻辑意义的代码，例如：

```
for i in range(10):
    if i%2 == 0:
        print(i)
```

这次换成单击 ▶ 按钮运行，会得到如图 2-16 所示的结果。

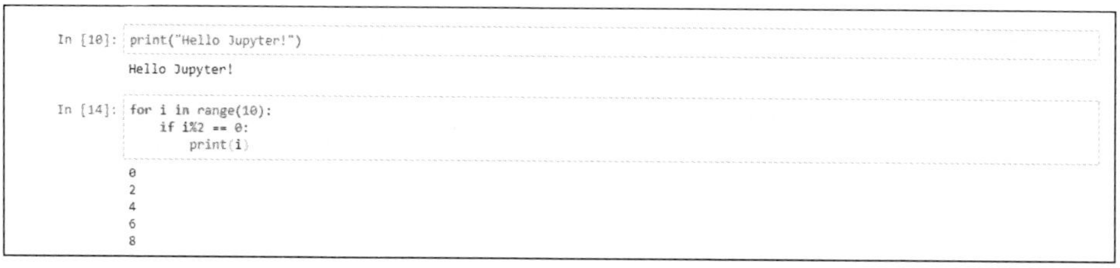

图 2-16　Jupyter 运行结果

接下来，将光标移回第一个单元格，我们想修改一下代码，将""Hello Jupyter!""修改为""Hello Jupyter Notebook!""，然后按下 Shift + Enter 组合键重新执行该单元格。你会发现这个单元格下方结果马上就变成新的内容，而其他部分是保持不变的。如果不想重新运行整个脚本，只想调整某一处单元格执行逻辑的话，这个特性就非常人性化了。当然，也可以重新计算整个 Notebook，只要从菜单栏中单击 Cell→Run All 即可。

最后，可以重命名该 Notebook，单击 File→Rename，然后输入新的名称，如图 2-17 所示。

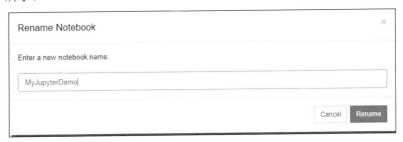

图 2-17　Jupyter 重命名文件

单击"Rename"按钮后，新的名称将会出现在窗口的左上角，在 Jupyter 的 Logo 旁边，如图 2-18 所示。这样，就拥有了第一个属于自己的 Notebook 了。

图 2-18　Jupyter 重命名效果

2.3　NumPy 基础知识

创建 Jupyter 笔记本后，我们来认识一下 NumPy（本节的代码片段均可以在 Jupyter 上演练）。NumPy 是 Python 中最常见的用于科学计算的基础包，主要提供一个多维数组对象、各种派生对象（如掩码数组 MaskedArray 和矩阵），以及用于对数组进行快速操作的一系列方法，包括数学运算、逻辑运算、分片操作、排序、选择、输入输出、离散傅立叶变换、基本线性代数、基本统计运算、随机模拟等。

NumPy 包的核心是 ndarray 对象。它封装了相同数据类型的 n 维数组，许多操作为实现执行高性能，已经提前进行编译了。NumPy 数组和标准的 Python 列表之间有几个重要的区别：

（1）NumPy 数组在创建时具有固定大小，与 Python 列表不同（它们可以动态增长）。更改 ndarray 的大小将创建一个新的数组并删除原值。

（2）NumPy 数组中的元素都必须具有相同的数据类型，因此内存中元素的大小相同。

（3）NumPy 数组通常对大量数据进行高级数学运算和其他类型的操作，此类操作比使用 Python 内置序列的代码更高效、更少地执行。

（4）越来越多基于 Python 的科学计算包使用 NumPy 矩阵，虽然这些通常支持 Python 序列输入，但它们在处理之前将这些输入转换为 NumPy 数组，并且它们通常输出 NumPy 矩阵。换言之，为了有效地使用那些科学计算包，仅仅知道如何使用 Python 内置的序列是不够的，你也需要知道如何使用 NumPy 数组。

2.3.1 基本概念

NumPy 的主要对象是同种元素的多维数组。这是一个所有的元素都是一种类型、通过一个正整数元组索引的元素表格（通常是元素、数字）。在 NumPy 中维度（dimensions）叫作轴（axes），轴的个数叫作秩（rank）。

例如，在 3D 空间一个点的坐标[1，2，3]是一个秩为 1 的数组，因为它只有一个轴，轴长度为 3。又如，在以下例子中，数组的秩为 2（有两个维度），第一个维度长度为 2，第二个维度长度为 3。

```
[[ 1., 0., 0.],
 [ 0., 1., 2.]]
```

NumPy 的数组类为 ndarray，通常也被称作数组，但是和标准 Python 库类 array 并不相同，后者只处理一维数组和提供少量功能，更多重要的 ndarray 对象属性有：

- ndarray.ndim：数组轴的个数。
- ndarray.shape：数组的维度。这是一个指示数组在每个维度上大小的整数元组。例如，一个 n 排 m 列的矩阵，它的 shape 属性将是(n,m)。
- ndarray.size：数组元素的总个数，一个 shape 属性值为(n,m)的 ndarray，其 size 属性值为 n*m。
- ndarray.dtype：一个用来描述数组中元素类型的对象，可以通过创建或指定 dtype 使用标准 Python 类型。另外，NumPy 提供它自己的数据类型。
- ndarray.itemsize：数组中每个元素的字节大小。例如，一个元素类型为 float64 的数组 itemsize 属性值为 8（64/8），又如，一个元素类型为 complex32 的数组 item 属性值为 4（32/8）。
- ndarray.data：包含实际数组元素的缓冲区，通常我们不需要使用这个属性，因为我们总是通过索引来使用数组中的元素。

```
>>> import numpy as np
>>> a = np.arange(15).reshape(3, 5)
>>> a
array([[ 0,  1,  2,  3,  4],
       [ 5,  6,  7,  8,  9],
       [10, 11, 12, 13, 14]])
>>> a.shape
(3, 5)
>>> a.ndim
2
>>> a.dtype.name
'int64'
>>> a.itemsize
8
>>> a.size
15
>>> type(a)
<type 'numpy.ndarray'>
>>> b = np.array([6, 7, 8])
>>> b
array([6, 7, 8])
>>> type(b)
<type 'numpy.ndarray'>
```

2.3.2 创建数组

了解了 ndarray 对象的基本属性后，一起来看看创建数组的方法。你可以使用 array 函数从常规的 Python 列表和元组创造数组，所创建的数组类型由原序列中的元素类型推导而来。

```
>>> import numpy as np
>>> a = np.array([2,3,4])
>>> a
array([2, 3, 4])
>>> a.dtype
dtype('int64')
>>> b = np.array([1.2, 3.5, 5.1])
>>> b.dtype
dtype('float64')
```

创建数组时最常见的错误是包括用多个数值参数调用 array，而不是提供一个由数值组成的列表作为一个参数。

```
>>>a=np.array(1,2,3,4)  # 错误
>>>a=np.array([1,2,3,4])  # 正确
```

数组将两层序列嵌套的形式转化成二维的数组、三层序列嵌套的形式转化成

三维数组，以此类推。数组类型可以在创建时显式指定。

```
>>>b = np.array([(1.5,2,3), (4,5,6)])
>>>b
array([[ 1.5,  2.,  3. ],
       [ 4.,  5.,  6. ]])
>>>c=np.array([[1,2], [3,4]], dtype=complex)
>>>c
array([[ 1.+0.j,  2.+0.j],
       [ 3.+0.j,  4.+0.j]])
```

通常，数组的元素开始都是未知的，但是它的大小已知。因此，NumPy 提供了一些使用占位符创建数组的函数，这使得定义数组的方式更加灵活。函数 zeros 创建一个全是 0 的数组，函数 ones 创建一个全是 1 的数组，函数 empty 创建一个内容随机并且依赖于内存状态的数组。需要注意的是，默认创建的数组类型（dtype）都是 float64。

```
>>>np.zeros((3,4))
array([[ 0., 0., 0., 0.],
       [ 0., 0., 0., 0.],
       [ 0., 0., 0., 0.]])
>>>np.ones((2,3,4), dtype=np.int16)# 可以指定数据类型
array([[[ 1, 1, 1, 1],
        [ 1, 1, 1, 1],
        [ 1, 1, 1, 1]],
       [[ 1, 1, 1, 1],
        [ 1, 1, 1, 1],
        [ 1, 1, 1, 1]]], dtype=int16)
>>>np.empty((2,3))# 没有初始化，输出的值将随机
array([[  3.73603959e-262,  6.02658058e-154,  6.55490914e-260],
       [  5.30498948e-313,  3.14673309e-307,  1.00000000e+000]])
```

为了创建一个数列，NumPy 提供一个类似 arange 的函数返回数组而不是列表。当 arange 使用浮点数参数时，由于有限的浮点数精度，通常无法预测获得的元素个数。因此，最好使用函数 linspace 去接收我们想要的元素个数来代替用 range 来指定步长。

```
>>>np.arange(10, 30, 5)
array([10, 15, 20, 25])
>>>np.arange(0, 2, 0.3)# 支持浮点数
array([ 0. ,  0.3,  0.6,  0.9,  1.2,  1.5,  1.8])
>>> from numpy import pi
>>>np.linspace(0, 2, 9)# 从0到2的9个数
array([ 0.  ,  0.25,  0.5 ,  0.75,  1.  ,  1.25,  1.5 ,  1.75,  2.  ])
>>>x=np.linspace(0, 2*pi, 100)# 在有多个小数位时的使用
>>>f=np.sin(x)
```

2.3.3　基本运算

NumPy 中数组的算术运算是按元素位置执行的，运算会创建新的数组并且填充相应位置的结果。不像许多矩阵计算语言那样，NumPy 中矩阵的乘法运算符*是按元素位置计算，矩阵乘法可以使用 dot 函数或创建新的矩阵对象方式实现。

```
>>>a=np.array([20,30,40,50])
>>>b=np.arange(4)
>>>b
array([0, 1, 2, 3])
>>>c=a-b
>>>c
array([20, 29, 38, 47])
>>>b**2
array([0, 1, 4, 9])
>>>10*np.sin(a)
array([ 9.12945251, -9.88031624,  7.4511316 , -2.62374854])
>>>a<35
array([ True, True, False, False], dtype=bool)
>>>A = np.array( [[1,1],
...             [0,1]] )
>>>B = np.array( [[2,0],
...             [3,4]] )
>>>A*B
array([[2, 0],
       [0, 4]])
>>>A.dot(B)
array([[5, 4],
       [3, 4]])
>>>np.dot(A, B)
array([[5, 4],
       [3, 4]])
```

有些操作符像+=和*=被用来更改已存在数组而不会创建一个新的数组，因此要注意类型的兼容问题。如同下面示例所示，当运算的是不同类型的数组时，结果会优先考虑以更精确的方式存储（这种行为叫作 upcast）。

```
>>>a=np.ones((2,3), dtype=int)
>>>b=np.random.random((2,3))
>>>a*=3
>>>a
array([[3, 3, 3],
       [3, 3, 3]])
>>>b+=a
>>>b
array([[ 3.417022  ,  3.72032449,  3.00011437],
       [ 3.30233257,  3.14675589,  3.09233859]])
>>>a+=b# b 中的元素不会自动转成整型
Traceback (most recent call last):
```

```
...
TypeError: Cannot cast ufunc add output from dtype('float64') to
dtype('int64') with casting rule 'same_kind'
>>>a=np.ones(3, dtype=np.int32)
>>>b=np.linspace(0,pi,3)
>>>b.dtype.name
'float64'
>>>c=a+b
>>>c
array([ 1.        , 2.57079633, 4.14159265])
>>>c.dtype.name
'float64'
```

还有一类统计类的运算，比如对数组所有元素求和，求最大值、最小值，是以 ndarray 类的方法提供的。这些运算默认应用到数组是对数组的形状不敏感的，把多维的数组当成一维的数组。当指定了 axis 参数时，可以把运算应用到数组指定的轴上。

```
>>>a = np.random.random((2,3))
>>>a
array([[ 0.18626021, 0.34556073, 0.39676747],
       [ 0.53881673, 0.41919451, 0.6852195 ]])
>>>a.sum()
2.5718191614547998
>>>a.min()
0.1862602113776709
>>>a.max()
0.6852195003967595
>>>b=np.arange(12).reshape(3,4)
>>>b
array([[ 0,  1,  2,  3],
       [ 4,  5,  6,  7],
       [ 8,  9, 10, 11]])
>>>
>>>b.sum(axis=0)
array([12, 15, 18, 21])
>>>
>>>b.min(axis=1)
array([0, 4, 8])
>>>
>>>b.cumsum(axis=1)
array([[ 0,  1,  3,  6],
       [ 4,  9, 15, 22],
       [ 8, 17, 27, 38]])
```

2.3.4　索引、切片和迭代

NumPy 的一维数组就像列表和其他 Python 序列一样，可以被索引、切片和迭代。多维数组可以每个轴有一个索引，这些索引由一个逗号分割的元组给出。当少于轴数的索引被提供时，缺失的索引被认为是整个切片。

```
>>>a = np.arange(10)**3
>>>a
array([0, 1, 8, 27, 64, 125, 216, 343, 512, 729])
>>>a[2]
8
>>>a[2:5]
array([ 8, 27, 64])
>>>a[:6:2] = -1000
# 等价于a[0:6:2] = -1000；从开始位置到索引为6的元素止，每隔一个元素将其赋值为-1000
>>>a
array([-1000,    1, -1000,   27, -1000,  125,  216,  343,  512,  729])
>>>a[ : :-1]                           # 反转a
array([ 729,  512,  343,  216,  125, -1000,   27, -1000,    1, -1000])
>>> for i in a:
...
print(i**(1/3.))
...
nan
1.0
nan
3.0
nan
5.0
6.0
7.0
8.0
9.0
>>>deff(x,y):
... return10*x+y
...
>>>b=np.fromfunction(f,(5,4),dtype=int)
>>>b
array([[ 0,  1,  2,  3],
       [10, 11, 12, 13],
       [20, 21, 22, 23],
       [30, 31, 32, 33],
       [40, 41, 42, 43]])
>>>b[2,3]
23
>>>b[0:5, 1]# 每行第2个元素
array([ 1, 11, 21, 31, 41])
>>>b[:,1]# 等价上一个例子
array([ 1, 11, 21, 31, 41])
>>>b[1:3, :]# 第2到3行
array([[10, 11, 12, 13],
       [20, 21, 22, 23]])
>>>b[-1]# 最后一行，等价于b[-1,:]
array([40, 41, 42, 43])
```

在上面的示例代码中，b[i]括号中的表达式被当作 i 轴和一系列 : 代表剩下的轴。NumPy 也允许你使用连续的"点"来表示，如 b[i,...]。连续的点(...)代表不显式地产生一个完整的索引元组必要的分号。

```
>>>c=np.array([[[0, 1, 2],
...　[10, 12, 13]],
...　[[100,101,102],
...　[110,112,113]]])
>>>c.shape
(2, 2, 3)
>>>c[1,...]# 等价于 c[1,:,:]或 c[1]
array([[100, 101, 102],
　　　 [110, 112, 113]])
>>>c[...,2]# 等价于 c[:,:,2]
array([[ 2, 13],
　　　 [102, 113]])
```

以上是 NumPy 相对于 Python 序列相似的访问方法，接下来认识一下 NumPy 提供的更多独特的索引功能。除了整数索引和切片，正如我们之前看到的，数组还可以被整数数组和布尔数组索引。通过数组进行索引，这个数组索引的值指的是在目标数组（ndarray）的位置。当被索引数组 a 是多维的时候，每一个唯一的索引数列指向 a 的第一维。

```
>>>a=np.arange(12)**2
>>>i=np.array([1,1,3,8,5])
>>>a[i]
array([ 1, 1, 9, 64, 25])
>>>j=np.array([[3, 4], [9, 7]])
>>>a[j]
array([[ 9, 16],
　　　 [81, 49]])
>>>palette=np.array([[0,0,0], # 黑色
...　[255,0,0], # 红色
...　[0,255,0], # 绿色
...　[0,0,255], # 蓝色
...　[255,255,255]])# 白色
>>>image=np.array([[0, 1, 2, 0],
...　[0, 3, 4, 0]])　　　# 每个元素代表 palette 的某行
>>>palette[image]
array([[[　0,　 0,　 0],
　　　　[255,　 0,　 0],
　　　　[　0, 255,　 0],
　　　　[　0,　 0,　 0]],
　　　 [[　0,　 0,　 0],
　　　　[　0,　 0, 255],
　　　　[255, 255, 255],
　　　　[　0,　 0,　 0]]])
```

当然我们也可以给出不止一维的索引，但是要保证每一维的索引数组必须有相同的形状。我们还可以把数组 i 和 j 定义成类似[i, j]放到序列中（比如说列表），然后通过 list 索引。但要注意，不能把[i, j]放在一个 ndarray 数组中用这个 ndarray 数组当索引，因为这个 ndarray 数组将被解释成索引的第一维。

```
>>>a=np.arange(12).reshape(3,4)
>>>a
array([[ 0,  1,  2,  3],
       [ 4,  5,  6,  7],
       [ 8,  9, 10, 11]])
>>>i=np.array([[0,1],
... [1,2]])
>>>j=np.array([[2,1],
... [3,3]])
>>>a[i,j]
array([[ 2,  5],
       [ 7, 11]])
>>>a[i,2]
array([[ 2,  6],
       [ 6, 10]])
>>>a[:,j]
array([[[ 2,  1],
        [ 3,  3]],
       [[ 6,  5],
        [ 7,  7]],
       [[10,  9],
        [11, 11]]])
>>>l=[i,j]
>>>a[l]
array([[ 2,  5],
       [ 7, 11]])
>>>s=np.array([i,j])
>>>a[s]
Traceback (most recent call last):
  File "<stdin>", line 1, in ?
IndexError: index (3) out of range (0<=index<=2) in dimension 0
>>>a[tuple(s)]
array([[ 2,  5],
       [ 7, 11]])
```

知道了 ndarray 数组索引，再来理解 ndarray 布尔数组索引就容易多了。布尔数组索引是数组索引的一种特例。当使用整数数组索引 ndarray 时，我们提供一个索引列表去选择。通过布尔数组索引的方法不同的是，要显式地表示 ndarray 中想要保留和丢弃的元素。我们能想到的使用布尔数组索引最自然的方式就是使用和原 ndarray 一样形状的布尔数组。

```
>>>a=np.arange(12).reshape(3,4)
>>>b=a>4
```

```
>>>b
array([[False, False, False, False],
       [False,  True,  True,  True],
       [ True,  True,  True,  True]], dtype=bool)
>>>a[b]
array([ 5,  6,  7,  8,  9, 10, 11])
```

第二种通过布尔来索引的方法更近似于整数索引，对数组的每个维度，我们给一个一维布尔数组来选择想要的切片。注意，一维数组的长度必须和想要切片的维度或轴的长度一致，在之前的例子中，b1 是一个秩为 1、长度为 3 的数组（a 的行数），b2（长度为 4）与 a 的第 2 秩（列）相一致。

```
>>>a=np.arange(12).reshape(3,4)
>>>b1=np.array([False,True,True])
>>>b2=np.array([True,False,True,False])
>>>a[b1,:]
array([[ 4,  5,  6,  7],
       [ 8,  9, 10, 11]])
>>>a[b1]
array([[ 4,  5,  6,  7],
       [ 8,  9, 10, 11]])
>>>a[:,b2]
array([[ 0,  2],
       [ 4,  6],
       [ 8, 10]])
>>>a[b1,b2]
array([ 4, 10])
```

如果说索引是对 ndarray 确定位置的访问，那么对 ndarray 又是怎样进行迭代的呢？多维 ndarray 数组的迭代就是对第一个轴而言的，如果想对 ndarray 数组中的每个元素进行运算，我们可以使用 flat 属性，该属性是数组元素的一个迭代器。

```
>>>b=np.arange(12).reshape(3,4)
>>>for row in b:
... print(row)
...
[0 1 2 3]
[4 5 6 7]
[ 8  9 10 11]
>>>for element in b.flat:
... print(element)
...
0
1
2
3
4
5
6
```

```
7
8
9
10
11
```

2.3.5 数组赋值

利用前面大量便捷的索引方法，我们能很方便地找到需要定位的元素进行赋值。当一个索引列表有重复值时，赋值被多次完成，仅保留最后的值。这样虽然是合理的，但是如果想用 Python 的+=语句，可能结果并非所期望的。如下代码片段示例，即使 0 在索引列表中出现两次，索引为 0 的元素仅仅增加一次。这是因为 Python 要求 a+=1 和 a=a+1 等同。

```
>>>a = np.arange(5)
>>>a
array([0, 1, 2, 3, 4])
>>>a[[1,3,4]] = 0
>>>a
array([0, 0, 2, 0, 0])
>>>a=np.arange(5)
>>>a[[0,0,2]]=[1,2,3]
>>>a
array([2, 1, 3, 3, 4])
>>>a=np.arange(5)
>>>a[[0,0,2]]+=1
>>>a
array([1, 1, 3, 3, 4])
```

另外一种技巧是利用布尔索引进行赋值操作，只需要对相应的位置进行标识，对于不便指定确切索引值的情况非常有用：

```
array([1, 1, 3, 3, 4])
>>>a=np.arange(12).reshape(3,4)
>>>b=a>4
>>>b
array([[False, False, False, False],
       [False,  True,  True,  True],
       [ True,  True,  True,  True]], dtype=bool)
>>>a[b]
array([ 5,  6,  7,  8,  9, 10, 11])
>>>a[b]=0
>>>a
array([[0, 1, 2, 3],
       [4, 0, 0, 0],
       [0, 0, 0, 0]])
```

2.3.6 更改数组的形状

本节开头提到了 ndarray 数组的 shape 属性，表示一个数组的形状，其值由它每个轴上的元素个数给出。ndarray 数组的形状可以被多种函数修改。使用 ravel 函数能够将 ndarray 数组展开成扁平化的形式，reshape 函数则会要求指定新的轴大小，将 ndarray 数组改变成其他形状。NumPy 的 ravel 函数和 reshape 函数通常会新建一个符合目标形状的 ndarray 数组保存数据。如果在改变形状操作中某一个维度被设置为-1，该维度将自动被计算。

```
>>>a=np.floor(10*np.random.random((3,4)))
>>>a
array([[ 2., 8., 0., 6.],
       [ 4., 5., 1., 1.],
       [ 8., 9., 3., 6.]])
>>>a.shape
(3, 4)
>>>a.ravel()  # 返回扁平化数组
array([ 2., 8., 0., 6., 4., 5., 1., 1., 8., 9., 3., 6.])
>>>a.reshape(6,2)
array([[ 2., 8.],
       [ 0., 6.],
       [ 4., 5.],
       [ 1., 1.],
       [ 8., 9.],
       [ 3., 6.]])
>>>a.T
array([[ 2., 4., 8.],
       [ 8., 5., 9.],
       [ 0., 1., 3.],
       [ 6., 1., 6.]])
>>>a.T.shape
(4, 3)
>>>a.shape
(3, 4)
>>>a.reshape(3,-1)
array([[ 2., 8., 0., 6.],
       [ 4., 5., 1., 1.],
       [ 8., 9., 3., 6.]])
```

除了以上两种函数方法外，resize 函数也是和 reshape 函数相同功能的函数，区别是 resize 函数仅仅改变数组本身，并不会创建新的 ndarray 数组。

```
>>> a
array([[ 2., 8., 0., 6.],
       [ 4., 5., 1., 1.],
       [ 8., 9., 3., 6.]])
>>> a.resize((2,6))
>>> a
```

```
array([[ 2., 8., 0., 6., 4., 5.],
       [ 1., 1., 8., 9., 3., 6.]])
```

2.3.7 组合、拆分数组

当有多个 ndarray 数组时，NumPy 提供了几种方法可以沿不同轴将这些数组拼接在一起。首先是 vstack 和 hstack 这一对函数，vstack 函数使多个 ndarray 数组沿着第一个轴组合，hstack 函数则是沿着第二个轴组合。

```
>>>a=np.floor(10*np.random.random((2,2)))
>>>a
array([[ 8., 8.],
       [ 0., 0.]])
>>>b=np.floor(10*np.random.random((2,2)))
>>>b
array([[ 1., 8.],
       [ 0., 4.]])
>>>np.vstack((a,b))
array([[ 8., 8.],
       [ 0., 0.],
       [ 1., 8.],
       [ 0., 4.]])
>>>np.hstack((a,b))
array([[ 8., 8., 1., 8.],
       [ 0., 0., 0., 4.]])
```

函数 column_stack 的组合方式会略有不同，它仅支持以序列的顺序将多个一维数组或者一个二维数组按对位组合成新的二维数组。

```
>>>a = np.array((1,2,3))
>>>b = np.array((2,3,4))
>>>np.column_stack((a,b))
array([[1, 2],
       [2, 3],
       [3, 4]])
```

既然可以将 ndarray 数组按照不同的轴组合，同样 NumPy 也能方便地拆分数组，vsplit 和 hsplit 就是这样一对具有拆分功能的函数。vsplit 函数将 ndarray 数组沿着纵向的轴分割，hsplit 函数将数组沿着水平轴分割，允许指定返回相同形状数组的个数，或者指定在哪些列后发生分割：

```
>>>a=np.floor(10*np.random.random((2,12)))
>>>a
array([[ 9., 5., 6., 3., 6., 8., 0., 7., 9., 7., 2., 7.],
       [ 1., 4., 9., 2., 2., 1., 0., 6., 2., 2., 4., 0.]])
>>>np.hsplit(a,3)
[array([[ 9., 5., 6., 3.],
       [ 1., 4., 9., 2.]]),
```

```
array([[ 6., 8., 0., 7.],
       [ 2., 1., 0., 6.]])
array([[ 9., 7., 2., 7.],
       [ 2., 2., 4., 0.]])]
>>>np.hsplit(a,(3,4))
[array([[ 9., 5., 6.],
       [ 1., 4., 9.]]), array([[ 3.],
       [ 2.]]), array([[ 6., 8., 0., 7., 9., 7., 2., 7.],
       [ 2., 1., 0., 6., 2., 2., 4., 0.]])]
>>>x = np.arange(16.0).reshape(4, 4)
>>>x
array([[ 0.,  1.,  2.,  3.],
       [ 4.,  5.,  6.,  7.],
       [ 8.,  9., 10., 11.],
       [12., 13., 14., 15.]])
>>>np.vsplit(x, 2)
[array([[ 0., 1., 2., 3.],
       [ 4., 5., 6., 7.]]),
 array([[ 8., 9., 10., 11.],
       [12., 13., 14., 15.]])]
>>>np.vsplit(x, np.array([3, 6]))
[array([[ 0., 1., 2., 3.],
       [ 4., 5., 6., 7.],
       [ 8., 9., 10., 11.]]),
 array([[12., 13., 14., 15.]]),
 array([], dtype=float64)]
```

如果觉得这还不够强大，那么推荐使用 split 函数，它对拆分控制的自由度更高一些。

```
>>>x = np.arange(9.0)
>>>np.split(x, 3)
[array([ 0., 1., 2.]), array([ 3., 4., 5.]), array([ 6., 7., 8.])]
>>>x = np.arange(8.0)
>>>np.split(x, [3, 5, 6, 10])
[array([ 0., 1., 2.]),
 array([ 3., 4.]),
 array([ 5.]),
 array([ 6., 7.]),
 array([], dtype=float64)]
```

2.3.8 广播

广播是 NumPy 在操作数组的方法中另一大显著的特性，对于不同 shape 数组之间的转换具有重要意义，广播的说法是从"Broadcasting"直译来的，有一种推荐的理解是"Broad-casting"，即体现出沿着某个方向延伸转换的意图。

广播的原则能使通用函数有意义地处理不具有相同形状的输入。应用广播原则之后，所有数组的大小必须匹配。广播第一原则是，如果所有的输入数组维度不都相同，数值"1"将被重复地添加在维度较小的数组上，直至所有的数组拥有一样的维度。广播第二原则是，确定长度为 1 的数组沿着特殊的方向向最大形状伸展。对数组来说，沿着那个维度的数组元素的值理应相同。

```
>>>x = np.arange(4)
>>>xx = x.reshape(4,1)
>>>y = np.ones(5)
>>>z = np.ones((3,4))
>>>x.shape
(4,)
>>>y.shape
(5,)
>>>x + y
<type 'exceptions.ValueError'>: shape mismatch: objects cannot be broadcast to a single shape
>>>xx.shape
(4, 1)
>>>y.shape
(5,)
>>>(xx + y).shape
(4, 5)
>>>xx + y
array([[ 1.,  1.,  1.,  1.,  1.],
       [ 2.,  2.,  2.,  2.,  2.],
       [ 3.,  3.,  3.,  3.,  3.],
       [ 4.,  4.,  4.,  4.,  4.]])
>>>x.shape
(4,)
>>>z.shape
(3, 4)
>>>(x + z).shape
(3, 4)
>>>x + z
array([[ 1.,  2.,  3.,  4.],
       [ 1.,  2.,  3.,  4.],
       [ 1.,  2.,  3.,  4.]])
```

利用广播的原则，NumPy 还允许执行一种交叉运算。下面这段代码示范了两个一维 ndarray 数组是如何实现交叉相加的。注意，其中的 newaxis 实际上是向 a 增加了一个轴，使 a 变成了 4×1 的数组。

```
>>>a = np.array([0.0, 10.0, 20.0, 30.0])
>>>b = np.array([1.0, 2.0, 3.0])
>>>a[:, np.newaxis] + b
array([[  1.,   2.,   3.],
       [ 11.,  12.,  13.],
       [ 21.,  22.,  23.],
       [ 31.,  32.,  33.]])
```

2.4 PyTorch 基础知识

前一节介绍完 Numpy 的基础知识，下面我们正式进入 PyTorch 的世界。PyTorch 的许多函数在使用上和 Numpy 几乎一样，能够平滑地结合使用，前一节介绍的绝大多数操作同样可以结合到本节中使用。PyTorch 的特色之一是提供构建动态计算图的框架，这样网络结构就不再是一成不变的了，甚至可以在运行时修正它们。在神经网络方面，PyTorch 的优点还在于使用了多 GPU 的强大加速能力、自定义数据加载器和极简的预处理过程等。尽管 PyTorch 与其他框架相比还算是新秀，仍然需要完善和改进，但不可否认它一出现就得到了广泛的认同和运用。

2.4.1 Tensor 简介

Tensor 是 PyTorch 中的基本对象，意思为张量,表示多维的矩阵，是 PyTorch 中的基本操作对象之一。与 Numpy 的 ndarray 类似，Tensor 的声明和获取 size 可以这样：

```
>>>importtorch
>>>x=torch.Tensor(5, 3)
>>>x.size()
torch.Size([5, 3])
```

Tensor 的算术运算和选取操作与 Numpy 一样，因此 Numpy 相似的运算操作都可以迁移过来：

```
>>>x=torch.rand(5, 3)
>>>y=torch.rand(5, 3)
>>>x + y
tensor([[ 0.7716,  1.0530,  1.1207],
        [ 1.2076,  1.0004,  1.1528],
        [ 0.8611,  0.9670,  0.3346],
        [ 0.1594,  1.3466,  1.0662],
        [ 1.1712,  0.4600,  1.5507]])
>>>x[:,1]
tensor([ 0.8449, 0.4441, 0.1054, 0.9101, 0.3540])
```

Tensor 与 Numpy 的 array 还可以进行互相转换，有专门的转换函数：

```
>>>x=torch.rand(5, 3)
>>>y=x.numpy()
>>>z= torch.from_numpy(y)
```

2.4.2 Variable 简介

Variable 是 PyTorch 的另一个基本对象，可以把它理解为是对 Tensor 的一个封装。Variable 用于放入计算图中以进行前向传播、反向传播和自动求导，如图 2-19 所示。在一个 Variable 中有三个重要属性：data、grad、creator。其中，data 表示包含的 Tensor 数据部分；grad 表示传播方向的梯度，这个属性是延迟分配的，而且仅允许进行一次；creator 表示创建这个 Variable 的 Function 的引用，该引用用于回溯整个创建链路。如果是用户创建的 Variable，其 creator 为 None，同时这种 Variable 称作 Leaf Variable，autograd 只会给 Leaf Variable 分配梯度。

```
>>>from torch.autograd import variable
>>>x = torch.rand(4)
>>>x =variable(x, requires_grad = true)
>>>y= x * 3
>>>grad_variables = torch.floattensor([1,2,3,4])
>>>y.backward(grad_variables)
>>>x.grad
tensor([ 3.,    6.,    9.,   12.])
```

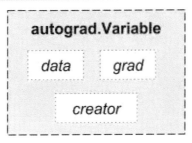

图 2-19　Variable 结构

对于 y.backward(grad_variables)，grad_variables 就是 y 求导时的梯度参数，由于 autograd 仅用于标量，因此当 y 不是标量且在声明时使用了 requires_grad=True 时，必须指定 grad_variables 参数，在完成原始的反向传播后得到的梯度会用这个 grad_variables 进行修正，然后将结果保存至 Variable 的 grad 中。grad_variables 的长度与 y 要一致。在深度学习中求导与梯度有关，因此 grad_variables 一般会定义类似为[1,0.1,0.01,0.001]，表示梯度的方向，取较小的值不会对求导效率有影响。

2.4.3 CUDA 简介

如果安装了支持 CUDA 版本的 PyTorch，就可以启用显卡运算了。torch.cuda 用于设置和运行 CUDA 操作，它会记录当前选择的 GPU，并且分配的所有 CUDA 张量将默认在上面创建，可以使用 torch.cuda.device 上下文管理器更改所选设备。

不过，一旦张量被分配，可以直接对其进行操作，而不考虑所选择的设备，结果将始终放在与张量相关的设备上。默认情况下，不支持跨 GPU 操作，唯一的例外是 copy_()。除非启用对等存储器访问，否则对于分布不同设备上的张量，任何启动操作的尝试都将引发错误。

```
>>> torch.cuda.is_available()
True
>>> x = x.cuda()
>>> y = y.cuda()
>>> x + y
```

2.4.4 模型的保存与加载

Python 中对于模型数据的保存和加载操作都是引用 Python 内置的 pickle 包，使用 pickle.dump() 和 pickle.load() 方法。在 PyTorch 中也有同样功能的方法提供。

```
>>>torch.save(model, 'model.pkl')  # 保存整个模型
>>>model = torch.load('model.pkl')  # 加载整个模型
>>>torch.save(alexnet.state_dict(), 'params.pkl')  # 保存网络中的参数
>>>alexnet.load_state_dict(torch.load('params.pkl'))  # 加载网络中的参数
```

在 torchvision.models 模块里，PyTorch 提供了一些常用的模型：

- AlexNet
- VGG
- ResNet
- SqueezeNet
- DenseNet
- Inception v3

可以使用 torch.util.model_zoo 来预加载它们，具体设置通过参数 pretrained=True 来实现。

```
>>>import torchvision.models as models
>>>ResNet18 = models.ResNet18(pretrained=True)
>>>alexnet = models.alexnet(pretrained=True)
>>>squeezenet = models.squeezenet1_0(pretrained=True)
>>>vgg16 = models.vgg16(pretrained=True)
>>>densenet = models.densenet161(pretrained=True)
>>>inception = models.inception_v3(pretrained=True)
```

加载这类预训练模型的过程中，还可以进行微处理。

```
>>>pretrained_dict = model_zoo.load_url(model_urls['resnet134'])
>>>model_dict = model.state_dict()
>>>pretrained_dict = {k: v for k, v in pretrained_dict.items() if k in model_dict}  # 将pretrained_dict里不属于model_dict的键剔除掉
>>>model_dict.update(pretrained_dict)  # 更新现有的model_dict
>>>model.load_state_dict(model_dict)
```

2.4.5 第一个 PyTorch 程序

下面的这段程序是对线性回归模型的简单演练。该示例中先创建了一些随机训练样本，让其符合经典线性函数 $Y=W^{T}X+b$ 分布，并加了一点噪声处理使得样本出现一定的偏差。接着使用 PyTorch 创建了一个线性回归的模型，在训练过程中对训练样本进行反向传播，求导后根据指定的损失边界结束训练。最后显示模型学习的结果与真实情况的对比示意图。

完整的代码如下：

```python
#!/usr/bin/env python
from __future__ import print_function
from itertools import count

import numpy as np
import torch
import torch.autograd
import torch.nn.functional as F
from torch.autograd import Variable
import matplotlib.pyplot as plt

random_state = 5000
torch.manual_seed(random_state)
POLY_DEGREE = 4
W_target = torch.randn(POLY_DEGREE, 1) * 5
b_target = torch.randn(1) * 5


def make_features(x):
    """创建一个特征矩阵结构为[x, x^2, x^3, x^4]."""
    x = x.unsqueeze(1)
    return torch.cat([x ** i for i in range(1, POLY_DEGREE + 1)], 1)


def f(x):
    """近似函数."""
    return x.mm(W_target) + b_target[0]


def poly_desc(W, b):
    """生成多向式描述内容."""
    result = 'y = '
    for i, w in enumerate(W):
        result += '{:+.2f} x^{} '.format(w, len(W) - i)
    result += '{:+.2f}'.format(b[0])
    return result


def get_batch(batch_size=32):
    """创建类似 (x, f(x))的批数据."""
```

```python
    random = torch.from_numpy(np.sort(torch.randn(batch_size)))
    x = make_features(random)
    y = f(x)
    return Variable(x), Variable(y)


# 声明模型
fc = torch.nn.Linear(W_target.size(0), 1)

for batch_idx in count(1):
    # 获取数据
    batch_x, batch_y = get_batch()

    # 重置求导
    fc.zero_grad()

    # 前向传播
    output = F.smooth_l1_loss(fc(batch_x), batch_y)
    loss = output.data[0]

    # 后向传播
    output.backward()

    # 应用导数
    for param in fc.parameters():
        param.data.add_(-0.1 * param.grad.data)

    # 停止条件
    if loss < 1e-3:
        plt.cla()
        plt.scatter(batch_x.data.numpy()[:,0], batch_y.data.numpy()[:,0], label='real curve', color='b')
        plt.plot(batch_x.data.numpy()[:,0], fc(batch_x).data.numpy()[:,0], label='fitting curve', color='r')
        plt.legend()
        plt.show()
        break

print('Loss: {:.6f} after {} batches'.format(loss, batch_idx))
print('==> Learned function:\t' + poly_desc(fc.weight.data.view(-1), fc.bias.data))
print('==> Actual function:\t' + poly_desc(W_target.view(-1), b_target))

>>>Loss: 0.000844 after 698 batches
==> Learned function: y = +6.13 x^4 +3.79 x^3 +0.86 x^2 +8.23 x^1 -1.56
==> Actual function:  y = +6.13 x^4 +3.89 x^3 +0.86 x^2 +8.20 x^1 -1.62
```

其结果如图 2-20 所示。

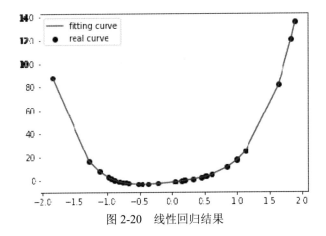

图 2-20 线性回归结果

第 3 章
◂ 神经网络 ▸

前一章介绍了 PyTorch 的安装方法和基本知识，以及 NumPy 相关的一些基本操作，最后给出了一个运用 PyTorch 的小例子。PyTorch 是一个深度学习工具包，针对深度学习的一些基础在本章展开介绍，从神经网络的发展着手，讲述激活函数、前向算法、损失函数、后向算法和 PyTorch 中对数据处理的一些支持，最后讲述 PyTorch 实现一个在 iris 数据集上的多分类问题。通过本章的学习，将对整个神经网络的流程有一个全面的认识。

3.1 神经元与神经网络

神经元最早是生物学上的概念，它是人脑中的最基本单元；人脑中含有大量的神经元，米粒大小的脑组织中就包含超过 10000 个神经元，不同的神经元之间相互连接，每个神经元与其他的神经元平均有 6000 个连接[1]。一个神经元接收其他神经元传递过来的信息，通过某种方式处理过后再传递给其他神经元。图 3-1 所示是生物神经元的结构图。

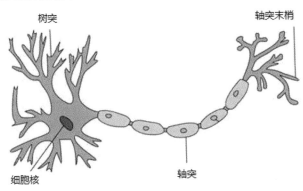

图 3-1　生物神经元

一个神经元由细胞核、树突、轴突和轴突末梢组成。其中树突有很多条，且含有不同的权重，主要用来接收从其他神经元传入的信息；接收到的信息在细胞整合后产生新的信息传递给其他神经元；而轴突只有一条，轴突尾端有许多轴突末梢可以给其他神经元传递信息。轴突末梢跟其他神经元的树突产生连接，从而传递信号，这个链接的位置在生物学上叫作"突触"。

在对人脑工作机理研究的基础上，1943 年心理学家 McCulloch 和数学家 Pitts 参考了生物神经元的结构，最早提出了抽象的人工神经元模型[2]：MP 神经元模型，MP 神经元从外部或者其他的神经元接受输入信息，通过特定的计算得到输出结果。如图 3-2 所示输入 x_1、x_2，每个输入对应权重 w_1、w_2，通常输入信息还含有一个偏置（bias）项 b，带有权重的输入通过 $z = w_1*x_1 + w_2*x_2 + b$ 的方法整合输入信息，最终通过 $f: y = f(z)$ 产生（激活函数，下面讲）输出。人工神经元模仿了生物神经网络，是人工神经网络中的基本单元。

---

[1] Restak，Richard M，David Grubin. Te Secret Life of the Brain[M]. Joseph Henry Press，2001.
[2] McCulloch，Warren S，Walter Pitts. A logical calculus of the ideas immanent in nervous activity[J]. The Bulletin of Mathematical Biophysics. 5.4 (1943): 115-133.

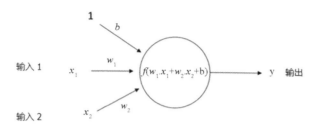

图 3-2 单个人工神经元

MP 模型虽然简单，但已经建立了神经网络大厦的地基。神经网络（NN，Neural Network）是人工神经网络（ANN，Artificial Neural Network）的简称，由很多神经元（Neural）组成，由前面的介绍可知，神经网络是在对人脑工作机理研究的基础上提出的一种仿生学结构。在 MP 模型中，权重的值都是预先设置的，因此不能学习。1949 年心理学家 Hebb 提出了 Hebb 学习率，认为人脑神经细胞的突触（也就是连接）上的强度是可以变化的。于是研究者开始考虑用调整权值的方法来让机器学习。

1958 年，心理学家 Rosenblatt 提出了由两层（输入层和输出层，不含有隐含层）神经元组成的神经网络，名叫感知机（Perceptron）[1]，如图 3-3 所示。从结构上，感知机把神经元中的输入 x_i 变成了单独的神经元，成为输入单元。与神经元模型不同，感知机中的权重是通过训练得到的。感知机类似一个逻辑回归模型，可以做线性分类任务，是首个可以学习的人工神经网络，这为后面的学习算法奠定了基础，可以说感知机是神经网络的基石。但是由于它只有一层功能神经元，因此学习能力非常有限。Minsky 在 1969 年出版了一本名为"Perceptron"的书，里面用详细的数学方法证明了感知机的弱点，尤其是感知机对 XOR（异或）这样的简单分类任务都无法解决。

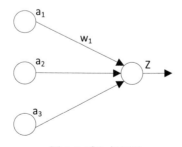

图 3-3 感知机图片

---

[1] Rosenblatt F. The perceptron: A probabilistic model for information storage and organization in the brain[J]. Psychological Review，1958，65(6):386-408.

感知机是前馈神经网络的一种，前馈神经网络是最早期也是最简单的人工神经网络，前馈神经网络包含多个神经元，被安排在不同的层，即输入层、隐含层、输出层，隐含层的个数可以有 0 个或多个。在前馈神经网络中信息在神经元上的传播方向只有一个——向前，即从输入层经过隐含层到达输出层，神经元间没有循环结构（相对于后面要讲到的循环神经网络）。感知机就是不含有隐含层的前馈神经网络，含有一个或多个隐含层的前馈神经网络称为多层感知机（Multi Layer Perceptron，MLP），如图 3-4 所示。

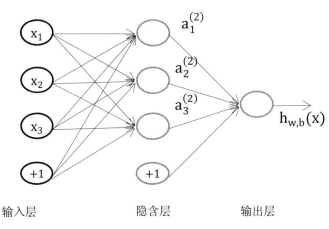

图 3-4　MLP 结构

多层感知机可以很好地解决非线性可分问题，我们通常将多层感知机这样的多层结构称为神经网络。

所谓神经网络的训练或者学习，其主要目的是通过学习算法得到神经网络解决指定问题所需的参数，这里的参数包括各层神经元之间的连接权重以及偏置等。参数的确定需要神经网络通过训练样本和学习算法来迭代找到最优参数组。说起神经网络的学习算法，不得不提其中最杰出、最成功的代表——反向传播算法（将在 3.5 节详细介绍）。

3.2　激活函数

前面提到过在神经元中输入信息通过一个非线性函数 $f: y = f(z)$ 产生输出，这个函数决定哪些信息保留以传递给后面的神经元，这个函数就是激活函数（Activation Function），又被称为非线性函数（Nonlinearity Function），对于给定的输入，激活函数执行固定的数学运算得到输出结果，根据输出结果控制输入信息的保留程度。本小节详细介绍激活函数。

激活函数要具有以下性质：

- 非线性：当激活函数是线性时，一个两层的神经网络基本就可以表达所有的函数了，恒等函数也就是 $f(x) = x$ 不满足这个条件，如果 MLP 中使用恒等激活函数，那么整个网络跟单层的神经网络是等价的。

  为什么需要非线性？因为线性的叠加还是线性，而线性函数的能力表达有限，只能做线性可分的任务。对于线性不可分的更复杂的问题，比如说 playground（https://playground.tensorflow.org）上的一些问题，线性不可分，所以需要非线性因素，如图 3-5 所示。

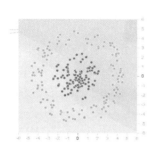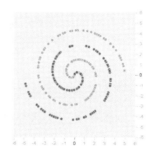

图 3-5　线性不可分的数据分布

- 连续可微性：在训练神经网络的过程中使用到了梯度下降，所以连续可微是必要的，ReLU 虽然不连续，但是也同样适合做激活函数。
- 值域是有限的：激活函数的输出值是有限的时候，基于梯度下降的训练过程才能越来越稳定，因为特征表示受有限值的影响更加有效。
- 单调性：激活函数是单调的时候，单层的神经网络才保证是凸函数。
- 具有单调导数的光滑函数：在某些情况下，这些已经被证明可以更好地概括。对这些性质的论证表明，这种激活函数与奥卡姆剃刀原理（简单有效原理）更加一致。
- 函数值和输入近似相等：满足这个条件的激活函数，当权重初始化成很小的随机数时，神经网络的训练将会很高效，如果不满足这个条件则需要很小心地初始化神经网络权重。

下面介绍几种常见的激活函数，即 Sigmoid、Tanh、Hard Tanh、ReLU、Softmax、LogSoftmax。

3.2.1　Sigmoid

Sigmoid 是一种很常用的非线性函数，其公式如下所示，图像如图 3-6 所示。

$$f(x) = \delta(x) = \frac{1}{1 + e^{-x}}$$

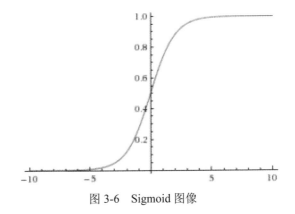

图 3-6 Sigmoid 图像

因其形状像 s，又称 s 函数，其将输入变量映射到(0,1)之间，对于特别大的输入，其输出结果是 1；相反，对于特别小的输入，其输出结果是 0。早期在各类任务中应用广泛，但是现在只在某些特定的场合使用，因为它有自身的缺点：

- 梯度消失：从图形上可以看出，当输入变量特别大或者特别小的时候（称之为饱和 Saturation），函数曲线变化趋于平缓，也就是说函数的梯度变得越来越小，直到接近于 0，这会导致经过神经元的信息会很少，这个缺点是致命的，所以初始化权重的时候要尽量避免饱和的现象。
- 输出值不是 0 均值的，这样在后面的神经元上将得到非 0 均值的输入，如果进入神经元的数据是正的，在反向传播中权重上的梯度也永远是正的。这样会导致在权重梯度的更新上呈锯齿形态，这是不可取的。通过 batch 的权重和可能最终会得到不同的符号，可以得到缓解，比起之前说的梯度消失的问题，这个问题不是那么严重。
- 因为其函数求导涉及除法，在神经网络的训练，也就是反向传播求误差梯度的时候计算量大。

PyTorch 中 Sigmoid 的定义为 torch.nn.Sigmoid，对输入的每个元素执行 Sigmoid 函数，输出、输入的维度相同：

```
>>> m = nn.Sigmoid()
>>> input = autograd.Variable(torch.randn(2))
>>> print(input)
>>> print(m(input))
```

3.2.2 Tanh

Tanh 是一个双曲三角函数，其公式如下所示，图像如图 3-7 所示。

$$f(x) = \tanh(x) = \frac{(e^x - e^{-x})}{(e^x + e^{-x})}$$

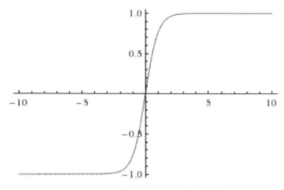

图 3-7　Tanh 图像

从图像上可以看出，与 Sigmoid 不同，它将输入变量映射到(-1,1)之间，它是 Sigmoid 函数经过简单的变换得到的：

$$\tanh(x) = 2\delta(2x) - 1$$

Tanh 是 0 均值的，这一点要比 Sigmoid 好，所以实际应用中效果也会比 Sigmoid 好，但是它依然没有解决梯度消失的问题，这点从图像上可以很清楚地看出来。

PyTorch 中 Tanh 的定义：torch.nn.Tanh。输入和输出维度相同，例如：

```
>>> m = nn.Tanh()
>>> input = autograd.Variable(torch.randn(2))
>>> print(input)
>>> print(m(input))
```

由于梯度消失的原因，不推荐在隐含层使用 Sigmoid 和 Tanh 函数，但是可以在输出层使用，如果有必要使用 Sigmoid 的时候，Tanh 要比 Sigmoid 好，因为 Tanh 是 0 均值。

3.2.3　Hard Tanh

和 Tanh 类似，Hard Tanh 同样把输入变量映射到（-1,1）之间，不同的是映射的时候不再是通过公式计算，而是通过给定的阈值直接得到最终结果。标准的 Hard Tanh 把所有大于 1 的输入变成 1、所有小于-1 的输入变成-1，其他的输入原样输出：

$$\begin{cases} f(x) = +1, & x > 1 \\ f(x) = -1, & x < -1 \\ f(x) = x, & \text{其他} \end{cases}$$

PyTorch 中 Hard Tanh 支持指定阈值 min_val 和 max_val 以改变输出的最小值和最大值，比如说对于 f = Hardtanh(-2，2)的输出，所有大于 2 的输入变成 2，所有小于-2 的输入变成-2，其他原样输出：

```
>>> m = nn.Hardtanh(-2, 2)
>>> input = autograd.Variable(torch.randn(2))
>>> print(input)
>>> print(m(input))
```

输出结果为：

```
Variable containing:
 2.3086
 0.8214
[torch.FloatTensor of size 2]
Variable containing:
 2.0000
 0.8214
[torch.FloatTensor of size 2]
```

3.2.4 ReLU

线性整流函数（Rectified Linear Unit，ReLU[1]），又称为修正线性单元。ReLU 是一个分段函数，其公式如下所示，图像如图 3-8 所示。

$$f(x) = \max(0, x)$$

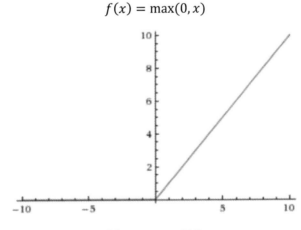

图 3-8 ReLU 图像

ReLU 做的事情很简单：大于 0 的数原样输出，小于 0 的数输出 0。在 0 处 ReLU 虽然不连续，但是也同样适合做激活函数。

ReLU 的优点如下：

- 相对于 Sigmoid/Tanh 而言，它更简单，只需要一个阈值就可以计算结果，不用复杂的运算。

---

[1] Nair V，Hinton G E. Rectified linear units improve restricted boltzmann machines[C]// International Conference on International Conference on Machine Learning. Omnipress，2010:807-814.

- 有研究者[1]发现 ReLU 在随机梯度下降的训练中收敛会更快，作者指出其原因是 ReLU 是非饱和的（non-saturating）。

ReLU 在很多任务中都有出色的表现，是目前应用广泛的激活函数。但是它也不是十分完美的：ReLU 单元很脆弱，以至于在训练过程中可能会出现死的现象，就是经过一段时间的训练，一些神经元不再具有有效性，只会输出 0，特别是使用较大的学习率的时候，如果发生这种情况，神经元的梯度将永远会是 0，不利于训练。

一个很大的梯度流过 ReLU 神经元，权重更新后神经元就不会再对任何数据有效，如果这样，经过这个点的梯度将永远会是 0。也就是说，在训练过程中，ReLU 单元会不可逆地死亡。如果学习率设置得太高，网络中会有 40%可能是死的，即整个训练数据集中没有激活的神经元。设置一个合适的学习率可以减少这种情况的发生。

PyTorch 中 ReLU 函数有一个参数 inplace，用于选择是否进行覆盖运算。其默认值为 False。

在 PyTorch 中应用 ReLU：

```
>>> m = nn.ReLU()
>>> input = autograd.Variable(torch.randn(2))
>>> print(input)
>>> print(m(input))
```

ReLU 的成功应用是对生物学研究结果。生物学研究表明，生物神经不是对所有的外界信息都做出反应，而是部分，即对一部分信息进行忽略，对应于输入信息小于 0 的情况。

3.2.5　ReLU 的扩展

为了解决 ReLU 函数存在的问题，研究者提出了在 ReLU 基础上的优化方案，在基于 ReLU 的扩展中，主要思路是当输入是小于 0 的值时不再一味地输出 0，而是通过一个很小的斜率为 α 的直线方程计算结果，根据 α 取值方案的不同有以下几种方案。

1. Leaky ReLU[2]

使用参数 α 决定泄露（leak）的程度，就是输入值小于 0 时直线的斜率，α 是固定的取值，而且很小，一般取值为 0.01。这样可以保证在输入信息小于 0 的时

---

[1] Krizhevsky A，Sutskever I，Hinton G E. ImageNet classification with deep convolutional neural networks[C]// International Conference on Neural Information Processing Systems. Curran Associates Inc. 2012:1097-1105.
[2] Maas，Andrew L，Hannun，Awni Y，Ng，Andrew Y. Rectifier nonlinearities improve neural network acoustic models [C]. Proc. ICML. 30 (1)，2017.

候也有信息通过神经元，神经元不至于死。

Leaky ReLu 的函数为：

$$f(x) = \begin{cases} \alpha x & x < 0 \\ x & x \geqslant 0 \end{cases}$$

α 是一个很小的常数，比如：

$$f(x) = \begin{cases} 0.01x & x < 0 \\ x & x \geqslant 0 \end{cases}$$

其图像如图 3-9 所示。

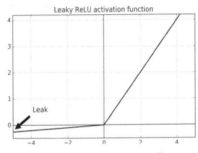

图 3-9　Leaky ReLU 图像

在 PyTorch 中，Leakly ReLU 有两个参数：

- negative_slope：控制负斜率的角度，即公式中提到的 α，默认值为 1e-2。
- inplace：选择是否进行覆盖运算，默认值为 False。

2. Parametric ReLU[1]

对输入的每一个元素运用函数 PReLU(x)=max(0,x)+α*min(0,x) 这里的"α"是自学习的参数。当不带参数地调用时，nn.PReLU() 在所有输入通道中使用同一个参数"α"。如果用 nn.PReLU(nChannels) 调用，"α"将应用到每个输入：

$$f(\alpha, x) = \begin{cases} \alpha x & x < 0 \\ x & x \geqslant 0 \end{cases}$$

3. Randomized ReLU[2]

这是 Leaky ReLU 的 random 版本，即参数 α 是随机产生的，RReLU 首次是在 Kaggle 的 NDSB 比赛中被提出的。核心思想就是，在训练过程中，α 是从一个高斯分布 U(l,u) 中随机生成的，然后在测试过程中进行修正。论文还对于这三个扩展进行了对比，指出还是 ReLU 效果最好。

---

[1] He K，Zhang X，Ren S，et al. Delving Deep into Rectifiers: Surpassing Human-Level Performance on ImageNet Classification[C]// IEEE International Conference on Computer Vision. IEEE，2016:1026-1034.

[2] Xu B，Wang N，Chen T，et al. Empirical Evaluation of Rectified Activations in Convolutional Network[J]. Computer Science，2015.

4. Exponential Linear Unit (ELU)[1]

这是一个新的激活函数，效果比所有 ReLU 的变形都要好，训练用的时间少，而且测试指标高。

$$\text{ELU}_\alpha(z) = \begin{cases} \alpha\,(\exp(z) - 1) & z < 0 \\ z & z \geqslant 0 \end{cases}$$

其图像如图 3-10 所示。

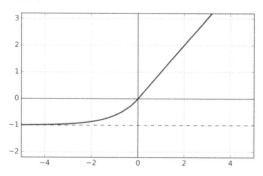

图 3-10　ELU 激活函数图像

关于 ELU 中参数 α 的选择，通常设置为 1，当然也可以在实际应用中尝试其他的值，而且整个函数是平滑的，在 $z=0$ 时会加速梯度下降，因为在 $z=0$ 的左右不用跳跃。

其缺点是，因为使用了指数函数，计算比 ReLU 系列的计算速度慢，但是训练时收敛快。

5. Maxout

Maxout[2]是由 Ian J. Goodfellow 在 2013 年提出的，论文指出 maxout 和 Dropout 结合后，在 MNIST、CIFAR-10、CIFAR-100、SVHN 这 4 个数据上都取得了 start-of-art 的识别率。前面提到的激活函数都是作用于输入信息的一个元素，输入信息间彼此是无关的。maxout 单元并不是作用于每个元素的函数 $g(z)$，而是将 z 划分成具有 k 个值的组，然后输出其中一组最大的元素。maxout 有很强的拟合能力，在足够隐含层的情况下可以拟合任意的凸函数。

它有 ReLU 函数的优点（不会饱和、计算简单），却没有 ReLU 函数的缺点（容易死），它唯一的缺点就是每一个神经元都有 k 个权重，导致权重的总数大大增加。

PyTorch 中还没有 Maxout 的实现，如果想尝试使用，可以参考一下 PyTorch

---

[1] Clevert D A，Unterthiner T，Hochreiter S. Fast and Accurate Deep Network Learning by Exponential Linear Units (ELUs)[J]. Computer Science，2015.
[2] Goodfellow I J，Warde-Farley D，Mirza M，et al. Maxout Networks[J]. Computer Science，2013:1319-1327.

在 GitHub 上的一个 issues[1]。

3.2.6 Softmax

Softmax 函数又称归一化指数函数，是 Sigmoid 函数的一种推广。它能将一个含任意实数的 K 维向量 z "压缩"到另一个 K 维实向量 $\sigma(z)$ 中，返回的是每个互斥输出类别上的概率分布，使得每一个元素的范围都在（0,1）之间，并且所有元素的和为 1。该函数的形式通常按下面的式子给出：

$$f_i(x) = \frac{\exp(x_i)}{\sum_j \exp(x_j)}$$

跟数学中的 max 函数相比，max 函数取一组数中的最大值，这样会导致较小的值永远不会被取到，softmax 很自然地表示具有 k 个可能值的离散随机变量的概率分布，所以它们可以用作一种开关，其中越大的数概率也就越大，Softmax 和前面提到的 Maxout 一样不是作用于单个神经网络中的每个 x 值，对 n 维输入张量运用 Softmax 函数，将张量的每个元素缩放到 (0,1) 区间，并且各个输出的和为 1。Maxout 一般用在网络的输出层，比方说在多分类中输出值表示属于每一个类别的概率。

PyTorch 中关于 Softmax 的定义：

```
class torch.nn.Softmax(dim=None)
```

它接收一个 dim 参数，以指定计算 Softmax 的维度，在给定的维度上各个输出和为 1。例如，如果输入的是一个二维的张量，dim=0 时，按列的方向计算 Softmax，每一列上的和为 1；dim=1 时，按行的方向计算 Softmax 值，每一行上的和为 1。从 PyTorch 的定义上看，dim 没有给定默认值，省略的时候会报下面的警告，但是会有输出，实践显示对于二维的数据 dim 省略和 dim=1 输出一致，三维的时候 dim 省略和 dim=0 输出一致，所以在应用的时候应该显式地给出 dim。目前版本的 Softmax 应用的时候必须给定参数 dim，如果不写会出现下面的警告：

```
UserWarning: Implicit dimension choice for softmax has been deprecated. Change the call to include dim=X as an argument.
```

在 PyTorch 中应用 Softmax 激活函数：

```
>>> m = nn.Softmax(dim=1)
>>> input = autograd.Variable(torch.randn(2, 3))
>>> print(input)
>>> print(m(input))
```

执行结果：

```
Variable containing:
```

---

[1] https://github.com/PyTorch/PyTorch/issues/805

```
•  2.0427  1.2494 -2.0909
•  1.1235 -0.7961 -0.3034
[torch.FloatTensor of size 2x3]
# 输出的每一行的和为 1Variable containing:
0.0347  0.9323  0.0330
0.2147  0.2978  0.4875
[torch.FloatTensor of size 2x3]
```

PyTorch 中更多的预定义激活函数见 PyTorch 的官方文档[1]。

3.2.7 LogSoftmax

在应用 Softmax 函数前对输入应用对数函数就是 LogSoftmax，公式如下：

$$f_i(x) = \log \frac{\exp(x_i)}{\text{sum}_j \exp(x_j)}$$

PyTorch 中的定义同样接受一个 dim 参数，含义和用法跟 Softmax 相同，这里不再赘述。

3.3 前向算法

当我们使用前馈神经网络接收输入 x 并产生输出 $\hat{y}$ 时，信息通过网络向前流动。输入 x 提供初始信息，向输出的方向传播到每一层中的神经元，并跟相应的权重做运算，最终产生输出 $\hat{y}$，称之为前向传播（forward propagation）。

下面结合图示详细说明前向传播过程。图 3-11 表示一个含有 4 层的神经网络，其中第 1 层为输入层，第 4 层为输出层，第 2 层和第 3 层为隐含层。x_1 和 x_2 是输入层中的两个神经元，h_i^k 为隐含层中第 k 个隐含层中的第 i 个神经元。$w_{i,j}^{(l)}$ 表示第 l 层中第 i 个神经元到第 $l+1$ 层中第 j 个神经元的权重，箭头表示信息传播方向，即输入层—隐含层—输出层。

前向传播过程中 h_1^1 的值为所有输入到该神经元的信息和相应连接上权重的加权求和，公式表示为：

$$z_{h_1^1} = x_1 * w_{1,1}^{(1)} + x_2 * w_{2,1}^{(1)} + b_1$$
$$z_{h_2^1} = x_1 * w_{1,2}^{(1)} + x_2 * w_{2,2}^{(1)} + b_2$$

---

[1] http://PyTorch.org/docs/0.3.0/nn.html#non-linear-activations

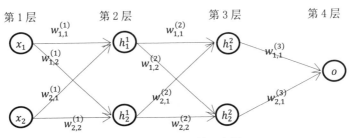

图 3-11　前向传播示意图

其中，b 为偏置项；这样就得到了隐含层中神经元的多元输入信息 $z_{h_1^1}$ 和 $z_{h_2^1}$，随后将多元输入通过激活函数 f 得到各个神经元的输出值 $y_{h_1^1}$ 和 $y_{h_2^1}$：

$$y_{h_1^1} = f(z_{h_1^1})$$
$$y_{h_2^1} = f(z_{h_2^1})$$

$y_{h_1^1}$ 为第 1 个隐含层中神经元 h_1^1 所表示神经元的输出值，随着信息在网络中的传播，它同时也是第 2 个隐含层的输入信息，例如此时 h_1^2 的输入信息为 $y_{h_1^1}$ 和 $y_{h_2^1}$。按照这个过程，直到得到最终输出层神经元的值 y_o，这就完成了一次完整的前向传播过程。

前向传播是预测的过程，对每一个训练集中的实例，通过神经网络计算每一层的输出，最终得到整个网络的输出，这个输出与真实值的差别可以评估当前参数集的好坏，然后从神经网络结果中的最后一个隐含层计算，每一层对整体的误差"贡献"了多少，这个过程就是反向传播了。前向算法通过网络中的每个层和激活函数最终产生输出。在训练过程中，前向传播可以持续向前，直到产生一个标量代价函数 $J(\theta)$。

前向传播算法描述如下：

```
Require: 网络深度, l
Require: W^(i), i ∈ {1, …, l}, 模型权重矩阵
Require: b^(i), i ∈ {1, …, l}, 模型的偏置参数
Require: x, 程序的输入
Require: y, 目标输出
    h^(0) = x
    for k = 1, …, l do
        a^(k) = b^(k) + W^(k) h^(k-1)
        h^(k) = f(a^(k))
    End for
    ŷ = h^(l)
    J = L(ŷ, y) + λΩ(θ)
```

3.4 损失函数

这一节我们来介绍损失函数，首先介绍损失函数的概念，随后介绍在回归和分类问题上损失函数的应用，最后介绍 PyTorch 中常用损失函数的一些预定义函数。如果你已经熟悉损失函数的概念，只想尽快地了解和使用 PyTorch 中关于损失函数的知识，可以直接跳过理论部分看最后一节内容。

3.4.1 损失函数的概念

损失函数（Loss Function）又称为代价函数（Cost Function），是一个非负的实值函数，通常用 L 表示。损失函数用来量化在训练过程中网络输出和真实目标间的差距，损失函数是神经网络中特殊的层。在前向算法中，每个输入信息在网络中流动，最终达到输出层，产生预测值$\hat{y}$，然后对数据集中所有的预测误差求平均，这个平均误差整体反应神经网络的好坏情况。确定神经网络最佳状态相当于寻找使损失最小的神经网络参数，这样一来，损失函数的出现使网络的训练变成一个优化问题。神经网络的参数数量很多，在大多数情况下很难通过分析来确定，但是可以利用优化算法近似地求解，例如利用梯度下降方法求解最值。

这里需要强调的一点是，损失函数的值仅跟网络中权重 w 和偏置 b 有关，在给定的神经网络中特定的数据集下，网络的损失完全依赖于网络的状态，也就是参数 w 和 b。w 和 b 的变化会导致网络的输出变化，从而影响网络的损失。所以前向过程中方程可以写成$h(x)_{w,b} = \hat{y}$，即在 w, b 条件下对于输入 x 网络的输出是$\hat{y}$。

在一定程度上可以说损失函数越小，模型越好。为什么这么说呢？因为 L 的均值称为经验风险函数，但是并不是经验风险越小越好，比如说模型复杂度过高产生过拟合现象，这个时候经验风险是很小的，可过拟合的模型并不是我们想要的结果。这里需要引入另一个概念：正则化。正则化也叫结构风险，用来表示模型的复杂度。我们把经验风险和结构风险的和称为目标函数。神经网络训练的最终目标就是寻找最佳的参数，使目标函数最小。有关正则化的详细介绍见 4.4 节。

下面介绍一下常用的损失函数。损失函数通常可分为两类，分别用于回归和分类任务中。

3.4.2 回归问题

在回归中常用的损失函数是均方差损失（Mean Squared Error，MSE），回归中的输出是一个实数值，这里采样的平方损失函数类似于线性回归中的最小二乘法。对于每个输入实例都只有一个输出值，把所有输入实例预测值和真实值间的误差求平方，然后取平均，如下面公式所示：

$$L(W, b) = \frac{1}{N}\sum_{i=1}^{N}(\widehat{y_{ij}} - y_{ij})^2$$

其中，$\widehat{y_{ij}}$ 是第 i 个输入网络的预测值，y_i 是其真实值，N 为输入集中实例数。对于多输出的回归，MSE 的公式为：

$$L(W, b) = \frac{1}{N}\sum_{i=1}^{N}\frac{1}{M}\sum_{j=1}^{M}(\widehat{y_{ij}} - y_{ij})^2$$

其中，j 表示输出中的第 j 个值，大多时候会在前面乘以 1/2，这样可以与平方项求导得出来 2 的乘积为 1，方便后续计算。

MSE 在回归中使用很广泛，但是它对异常值很敏感，在特定的任务中有时不需要考虑异常值（比方说股票的选择中需要考虑异常值，但是在买房的时候就不需要过多考虑），这时就需要一个损失函数，更关注中位数而不是平均数。这时可以选择平均绝对误差（Mean Absolute Error，MAE），其公式如下：

$$L(W, b) = \frac{1}{2N}\sum_{i=1}^{N}\sum_{j=1}^{M}|\widehat{y_{ij}} - y_{ij}|$$

MAE 为数据集上所有误差绝对值的平均数。

3.4.3 分类问题

神经网络可以解决分类问题，即判断输入属于哪一个类别，例如一张图片是猫还是狗、收到的邮件是否为垃圾邮件等。还有一种分类问题，我们的神经网络模型预测值往往不是特定的类别，而是属于某一个类别的概率，比如说前面提到的垃圾邮件的问题，神经网络的输出结果为 20%可能是垃圾邮件、80%可能不是垃圾邮件。接下来介绍一下分类问题中常用的损失函数。

对于 0-1 分类问题，可以使用铰链损失（hinge loss），1 表示属于某一类别，0 表示不属于该类别。大多用-1 和 1 代替 0 和 1，这时铰链损失的公式如下：

$$L(W, b) = \frac{1}{N}\sum_{i=1}^{N}\max(0, 1 - y_{ij} \times \widehat{y_{ij}})$$

Hinge 只可以解决二分类问题，对于多分类问题，可以把问题转化成二分类来解决：对于区分 N 类的任务，每次只考虑是否属于某一个特定的类别，把问题转化成 N 个二分类问题。

对于前面提到的预测属于某一类别概率的问题，可以使用负对数似然损失函数（Negative log Likelihood Loss Function）。接下来举例说明一下负对数似然函数。为了叙述方便，这里同样用二分类问题举例，区别是这里的二分类问题不再是硬分类问题，而是要预测属于某一类别的概率，用 $h(x_i)$ 和 $1-h(x_i)$ 表示给定数据

x_i 的输出,意为属于某一类别的概率,用 W 和 b 表示网络权重和偏置,则公式可以写作:

$$P(y_i = 1 | X_i; W, b) = h_{W,b}(X_i)$$
$$P(y_i = 0 | X_i; W, b) = 1 - h_{W,b}(X_i)$$

把上面的公式写成一个可以表示为:

$$P(y_i | X_i; W, b) = (h_{W,b}(X_i))^{y_i} \times (1 - h_{W,b}(X_i))^{1-y_i}$$

所以损失函数可以写成:

$$L(W, b) = \prod_{i=1}^{N} \hat{y}_i^{y_i} \times (1 - \hat{y}_i)^{1-y_i}$$

为了计算方便,利用对数函数把乘积的形式变成求和,因为对数函数是单调的,取对数函数的最大化和取负对数函数的最小化是等价的,就得出了负对数似然损失函数:

$$L(W, b) = -\sum_{i=1}^{N} y_i \times \log \hat{y}_i + (1 - y_i) \times \log(1 - \hat{y}_i)$$

我们把问题从二分类扩展到多分类上,用 one-hot 编码表示类别的预测结果:属于该类别的为 1,其他的全为 0,公式如下:

$$L(W, b) = -\sum_{i=1}^{N} \sum_{j=1}^{M} y_{i,j} \times \log \hat{y}_{i,j}$$

从形式上看这个函数恰好是交叉熵的形式,因此负对数似然损失函数又叫交叉熵函数(Cross Entropy Loss Function)。交叉熵是不确定性信息的一种度量,在这里交叉熵用来衡量我们学习到 $\hat{y}$ 和真实的目标值 y 的不确定性。对于所有的输入 x,如果每个结果都接近目标值,也就是 y 和 $\hat{y}$ 近似相等,则这个交叉熵为 0,反之,输出结果离目标值越远交叉熵就越大。

3.4.4 PyTorch 中常用的损失函数

前面从损失函数的理论层做了一些讲解,在 PyTorch 中已经对常用的损失函数做好了封装,在系统中直接调用相应的损失函数即可。接下来介绍常用的损失函数在 PyTorch 中的实现。

1. MSELoss

PyTorch 中 MSELoss 的定义:

```
class torch.nn.MSELoss(size_average=True, reduce=True)
```

参数含义:

- size_average:默认情况下为 True,此时损失是每个 minibatch 的平均;

如果设置成 False，则对每个 minibatch 求和。这个属性只有当 reduce 参数设置成 True 时才生效。
- reduce：默认情况下为 True，此时损失会根据 size_average 参数的值计算每个 minibatch 的和或者是平均；如果设置成 False，忽略 size_average 参数的值，并返回每个元素的损失。

使用方法举例：

```
>>> loss = nn.MSELoss()
>>> input = autograd.Variable(torch.randn(3, 5), requires_grad=True)
>>> target = autograd.Variable(torch.randn(3, 5))
>>> output = loss(input, target)
>>> output.backward()
```

2. L1Loss

L1Loss 即前面提到的 MAE，PyTorch 中的定义为：

```
class torch.nn.L1Loss(size_average=True, reduce=True)
```

参数含义和 MSE 一样。

3. BCELoss

BCELoss 用在二分类问题中，PyTorch 中的定义为：

```
class torch.nn.BCELoss(weight=None, size_average=True)
```

参数含义：

- weight：指定 batch 中每个元素的 Loss 权重，必须是一个长度和 batch 相等的 Tensor。
- size_average：默认情况下为 True，此时 Loss 为每个 Mini-batch 上的平均值；如果设置成 False，loss 为每个 Mini-batch 上的和。

在使用 BCELoss 时，需要注意的是，每个目标值（$\hat{Y}_i$ 值）都要求在 (0,1) 之间，可以在网络最后一层使用 Sigmoid 函数达到这个要求。

示例：

```
>>> m = nn.Sigmoid()
>>> loss = nn.BCELoss()
>>> input = autograd.Variable(torch.randn(3), requires_grad=True)
>>> target = autograd.Variable(torch.FloatTensor(3).random_(2))
>>> output = loss(m(input), target)  # 前向输出时使用 Sigmoid 函数
>>> output.backward()
```

4. BCEWithLogitsLoss

BCEWithLogitsLoss 在 PyTorch 中的定义为：

```
class torch.nn.BCEWithLogitsLoss(weight=None, size_average=True)
```

BCEWithLogitsLoss 同样使用在二分类任务中，参数定义和 BCELoss 相同。与 BCELoss 不同的是，它把 Sigmoid 函数集成到函数中，在实际应用中比 Sigmoid 层加 BCELoss 层在数值上更加稳定，因为把两个层合并时可以使用 LogSumExp[1]的优势来保证数值的稳定性。

5. NLLLoss

NLLLoss 使用在多分类任务中的负对数似然损失函数，我们用 C 表示多分类任务中类别的个数，N 表示 minibatch，则 NLLLoss 的输入必须是（N, C）的二维 Tensor，即数据集中每个实例对应每个类别的对数概率，可以在网络最后一层应用 LogSoftmax 层来实现。PyTorch 中 NLLLoss 的定义为：

```
class torch.nn.NLLLoss(weight=None, size_average=True, ignore_index=-100, reduce=True)
```

参数含义：

- size_average 和 reduce：意义和前面介绍的损失函数一样，这里不再赘述。
- weight：可以指定一个一维的 Tensor，用来设置每个类别的权重。用 C 表示类别的个数，Tensor 的长度应该为 C。当训练集不平衡时该参数十分有用。
- ignore_index：可以设置一个被忽略值，使这个值不会影响到输入的梯度的计算。当 size_average 为 True 时，loss 的平均值也会忽略该值。

这里要特别说明一点，输出根据 reduce 而定，如果 reduce 为 True 则输出为一个标量，如果 reduce 为 False 则输出为 N。

6. CrossEntropyLoss

CrossEntropyLoss 同样是多分类用的交叉熵损失函数，前面提到，在 NLLLoss 的输出层要应用一个 LogSoftmax 函数，CrossEntropyLoss 就是 LogSoftmax 和 NLLLoss 的组合。可以使用 NLLLoss 的任务都可以使用 CrossEntropyLoss，而且更简洁，PyTorch 中的定义为：

```
class torch.nn.CrossEntropyLoss(weight=None, size_average=True, ignore_index=-100, reduce=True)
```

定义中参数的含义和 NLLLoss 完全相同，这里不再赘述。

本节中提到的损失函数是 PyTorch 0.3.0 版本中的部分定义，更全面[2]和更新[3]的定义可参考 PyTorch 文档。

---

[1] https://en.wikipedia.org/wiki/LogSumExp
[2] http://PyTorch.org/docs/0.3.0/nn.html#loss-functions
[3] http://PyTorch.org/docs/stable/nn.html#loss-functions

3.5 反向传播算法

前向算法中，需要 w 参与运算，w 是网络中各个连接上的权重，这个值需要在训练过程中确定，在传统的机器学习方法（比如逻辑回归）中，可以通过梯度下降来确定权重的调整。逻辑回归可以看作没有隐含层的神经网络，但是在多层感知机中如何获取隐含层的权值是很困难的，我们能做的是计算输出层的误差更新参数，但是隐含层误差是不存在的。虽然无法直接获得隐含层的权值，但是我们知道在权重变化后相应的输出误差的变化，那么能否通过输出值和期望的输出间的差异来间接调整权值呢？预测值和真实值之间的差别可以评估输出层的误差，然后根据输出层误差，计算在最后一个隐含层中的每个神经元对输出层误差影响了多少，最后一层隐含层的误差又由其前一层的隐含层的计算得出。如此类推，直到输入层。这就是反向传播（Backpropagation，BP）算法的思想。

反向传播算法是 1986 年由 Rumelhart 和 McCelland 为首的科研小组提出的，详细内容发表为 Nature 上的论文 *Learning representations by back-propagating errors*。反向传播基于梯度下降策略，是链式求导法则的一个应用，以目标的负梯度方向对参数进行调整。这是一场以误差（Error）为主导的反向传播运动，旨在得到最优的全局参数矩阵，进而将多层神经网络应用到分类或者回归任务中去。

反向传播算法描述如下：

在前向计算完成后，计算顶层梯度：
$g \leftarrow \nabla_{\hat{y}} J = \nabla_{\hat{y}} L(\hat{y}, y)$
for $k = l, l-1, \cdots, l$ do
　　将关于层输出的梯度转换为非线性激活输入前的梯度（如果 f 是逐元素的，则逐元素地相乘）：
　　$g \leftarrow \nabla_{a^{(k)}} J = g \odot f'(a^{(k)})$
　　计算关于权重和偏置的梯度（如果需要的话，还要包括正则项）：
　　$\nabla_{b^{(k)}} J = g + \lambda \nabla_{b^{(k)}} \Omega(\theta)$
　　$\nabla_{W^{(k)}} J = g h^{(k-1)T} + \lambda \nabla_{W^{(k)}} \Omega(\theta)$
　　关于下一更底层的隐含层传播梯度：
　　$g \leftarrow \nabla_{h^{(k-1)}} J = W^{(k)T} g$
End for

下面通过一个例子来详细说明反向传播。

如图 3-12 所示的神经网络结构，考虑其中的两个神经元，图中 i、j 表示神经网络的层数，网络的前向传播从第 i 层传向 j 层，z 表示神经的多元输入信息，y 是神经网络的输出，这里激活函数用最简单的 sigmoid，即 y = sigmoid(z)。我们在评估误差的时候要分别考虑对其产生影响的神经元，一旦我们得到了隐含层中某一层的误差偏导，就用它来计算下一层的误差偏导。

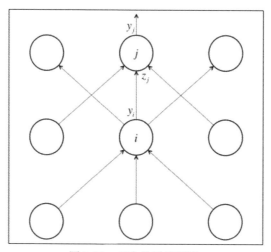

图 3-12 后向传播示例图

$$z = \sum_k w_k x_k$$
$$y = \frac{1}{1+e^{-z}}$$

则输出层的误差:

$$E = \frac{1}{2}\sum_{j\in \text{output}}(t_j - y_j)^2 \rightarrow \frac{\partial E}{\partial y_j} = -(t_j - y_j)$$

利用归纳法，假设我们有第 j 层的误差，需要计算第 i 层的误差，我们需要计算第 i 层的输出对第 j 层的每个神经元有什么影响。i 层对 j 层权重记作 w_{ij}，也就是 j 层神经元函数对该层上输出的偏导，由链式求导法则可知:

$$\frac{\partial E}{\partial y_j} = \sum_j \frac{\partial E}{\partial z_j}\frac{dz_j}{dy_i} = \sum_j w_i \frac{\partial E}{\partial z_j}$$

很明显，sigmoid 的导数为:

$$\begin{aligned}\frac{dy}{dz} &= \frac{e^{-z}}{(1+e^{-z})^2}\\ &= \frac{1}{(1+e^{-z})}\frac{e^{-z}}{1+e^{-z}}\\ &= \frac{1}{1+e^{-z}}\left(\frac{1}{1+e^{-z}}\right)\\ &= y(1-y)\end{aligned}$$

即

$$\frac{\partial E}{\partial z_j} = \frac{\partial E}{\partial y_j}\frac{dy_j}{dz_i} = y_j(1-y_i)\frac{\partial E}{\partial y_j}$$

组合得到在 j 层误差导数影响下的 i 层的误差导数:

$$\frac{\partial E}{\partial y_j} = \sum_j w_{ij} y_j(1-y_i)\frac{\partial E}{\partial y_j}$$

下面就可以确定误差如何随着权重变化：

$$\frac{\partial E}{\partial w_{ij}} = \frac{\partial z_j}{\partial w_{ij}}\frac{\partial E}{\partial z_j} = y_i y_j (1 - y_i) \frac{\partial E}{\partial y_j}$$

归纳出完整的反向传播：

$$\Delta w_{ij} = -\sum_{k \in \text{datset}} \in y_i^{(k)} y_j^{(k)} \left(1 - y_j^{(k)}\right) \frac{\partial E^{(k)}}{\partial y_j^{(k)}}$$

在反向传播算法中有一个超参数：学习率（Learning Rate），通常用 α 表示，用来指定反向传播过程中调整神经网络权重的速率，学习速率越小沿着梯度下降的速度越慢，训练也就越慢，特别是在训练的初期，需要很长时间才能接近完美的训练目标。如果学习率过大，在训练过程中会出现震荡的现象。学习率的选择一般通过经验来选取，或者指定动态的学习率[1]，即在训练初期给一个较小的学习率，随后逐步增大学习率。

以上是反向传播算法的推导，是反向传播算法的理论基础，在这里讲只是为了更深入地了解反向传播算法，在具体应用中，成熟的深度学习工具包都完成了对这些操作的封装。PyTorch 封装了这一系列复杂的计算，前面提到过 PyTorch 中所有神经网络的核心是 autograd 自动求导包。这里结合反向传播进行说明。

torch.autograd 包的核心是 Variable（变量）类，Variable 类封装了 Tensor 并支持所有 Tensor 的操作，在程序中一旦完成了前向的运算，就可以直接调用.backward()方法，这时所有的梯度计算会自动进行。如果 Variable 是标量的形式（例如，它是包含一个元素数据），你不必指定任何参数给 backward()。不过，如果它有更多的元素，就需要去指定一个和 Variables 形状匹配的 grad_variables 参数，用来保存相关 Variable 的梯度。

PyTorch 中还有一个针对自动求导的实现类：Function。Variable 和 Function 是相互联系的，并且它们构建了一个非循环的图，编码了一个完整的计算历史信息。每一个 Variable 都有一个.grad_fn 属性，引用一个已经创建了 Variable 的 Function。

PyTorch 中运算反向传播的例子：

```
# 导入需要的包
import torch from torch.autograd
import Variable
# 创建variable（变量）：
x = Variable(torch.ones(2, 2), requires_grad = True)
print(x)
# 对variable（变量）的操作
y = x + 2
print(y)
#y由计算（这里是加法）创建，所以它有grad_fn属性，我们可以打印看看：
```

---

[1] Smith L N. Cyclical Learning Rates for Training Neural Networks[J]. Computer Science，2015:464-472.

```
print(y.grad_fn)
# 下面对 y 进行更多的计算
z = y * y * 3
out = z.mean()
print(z, out)
# 自此关于 out 的前向运算计算完毕，我们就可以调用 backward()函数
# 这里等价于 out.backward(torch.Tensor([1.0]))
out.backward()
```

3.6 数据的准备

我们要使用的数据需要转换成 PyTorch 能够处理的格式。PyTorch 中提供了 torch.utils.data.Dataset 对数据进行封装，是所有要加载数据集的父类。在定义 Dataset 的子类时，必须重载两个函数：_len_和_getitem_。其中，_len_返回数据集的大小；_getitem_实现数据集的下标索引，返回对应的图像和标记。

在创建 DataLoader 时会判断_getitem_返回值的数据类型，然后用不同的分支把数据转换成相应的张量。因此，_getitem_返回值的数据类型可选择范围很多，一种可以选择的数据类型是图像为 numpy.array、标记为 int 的数据类型。

现在有了由数据文件生成的结构数据，那么怎么在训练时提供 batch 数据呢？PyTorch 提供了生成 batch 数据的类。PyTorch 用类 torch.utils.data.DataLoader 加载数据，并对数据进行采样，生成 batch 迭代器。

```
class torch.utils.data.DataLoader(dataset, batch_size=1, shuffle=False,
sampler=None, batch_sampler=None, num_workers=0, collate_fn=<function default_
collate>, pin_memory=False, drop_last=False)
```

参数含义：

- dataset：Dataset 类型，指出要加载的数据。
- batch_size：指出每个 batch 加载多少样本，默认为 1。
- shuffle：指出是否在每个 epoch 中对数据进行打乱。
- sampler：从数据集中采样样本的策略。
- batch_sampler：与 sampler 类似，但一次返回一批指标。
- num_workers：加载数据时使用多少子进程。默认值为 0，表示在主进程中加载数据。
- collate_fn：定义合并样本列表以形成一个 mini-batch。
- pin_memory：如果为 True，此时数据加载器会将张量复制到 CUDA 固定内存中，然后返回它们。
- drop_last：如果设定为 True，最后一个不完整的 batch 将被丢弃。

3.7 PyTorch 实例：单层神经网络实现

本节用实例来说明神经网络的整个流程。一般的神经网络训练包括几个重要的步骤：数据准备，初始化权重，激活函数，前向计算，损失函数，计算损失，反向计算，更新参数，直到收敛或者达到终止条件。实例是神经网络在 iris 数据集上完成多分类的任务。

程序头就引入必要的包，一般要包括编码定义和该模块的一些说明：

```python
#!/usr/bin/env python
# -*- coding: utf-8 -*-
# @File   : iris_multi-classfication.py
'''
PyTorch in action.
PyTorch 实现 iris 数据集的分类。
'''

import torch
import matplotlib.pyplot as plt
import torch.nn.functional as F

from sklearn.datasets import load_iris
from torch.autograd import Variable
from torch.optim import SGD
```

动态地判断 GPU 是否可用，方便在不同类型的处理器上迁移。

```python
# GPU 是否可用
use_cuda = torch.cuda.is_available()
print("use_cuda: ", use_cuda)
```

加载数据集，sklearn 中有 iris 的数据集，在这里只要加载就可以使用了：

```python
# 加载数据集
iris = load_iris()
print(iris.keys())  # dict_keys(['target_names', 'data', 'feature_names', 'DESCR', 'target'])
```

数据预处理，包括从数据集里区分输入/输出，最后把输入/输出数据封装成 PyTorch 期望的 Variable 格式：

```python
x = iris['data']    # 特征信息
y = iris['target']  # 目标分类
print(x.shape)  # (150, 4)
print(x.shape)  # (150,)

print(y)
x = torch.FloatTensor(x)
y = torch.LongTensor(y)
```

```
x, y = Variable(x), Variable(y)
```

神经网络模型定义,PyTorch 中自定义的模型都需要继承 Module,并重写 forward 方法完成前向计算过程:

```
class Net(torch.nn.Module):
# 初始化函数,接受自定义输入特征维数,隐含层特征维数,输出层特征维数
    def __init__(self, n_feature, n_hidden, n_output):
        super(Net, self).__init__()
        self.hidden = torch.nn.Linear(n_feature, n_hidden)    #一个线性隐含层
        self.predict = torch.nn.Linear(n_hidden, n_output)    #线性输出层

# 前向传播过程
    def forward(self, x):
        x = F.sigmoid(self.hidden(x))
        x = self.predict(x)
        out = F.log_softmax(x, dim=1)
        return out
```

网络实例化并打印查看网络结构:

```
# iris 中输入特征 4 维,隐含层和输出层可以自己选择
net = Net(n_feature=4, n_hidden=5, n_output=4)
print(net)
```

网络结构打印的输出结果:

```
Net(
  (hidden): Linear(in_features=4, out_features=5)
  (predict): Linear(in_features=5, out_features=4)
)
```

判断 GPU 是否可用。如果 GPU 可用,就将训练数据和模型都放到 GPU 上,调用 cuda()函数就可以把相应的模块放到 GPU 上;相反,如果想放到 CPU 上,则调用.cpu()即可。注意:数据和网络要在 GPU 上同步,否则程序运行的时候会报错。

```
if use_cuda:
    x = x.cuda()
    y = y.cuda()
    net = net.cuda()
```

定义神经网络训练的优化器,并设置学习率为 0.5:

```
optimizer = SGD(net.parameters(), lr=0.5)
```

训练过程:

```
px, py = [], [] # 记录要绘制的数据
for i in range(1000):
    # 数据集传入网络前向计算
    prediction = net(x)
```

```
# 计算 loss
loss = F.nll_loss(prediction, y)

# 清除网络状态
optimizer.zero_grad()

# loss 反向传播
loss.backward()

# 更新参数
optimizer.step()
```

在训练过程中打印每次迭代的损失情况:

```
# 打印并记录当前的 index 和 loss
print(i, " loss: ", loss.data[0])
px.append(i)
py.append(loss.data[0])
```

训练过程中打印的结果摘要(从中可以看出迭代 1000 次的最终结果损失可以降到 0.076):

```
0   loss:  1.4715327024459839
1   loss:  1.3192551136016846
2   loss:  1.2398536205291748
3   loss:  1.1912041902542114
……
995 loss:  0.07587499171495438
996 loss:  0.08221904933452606
997 loss:  0.07581517845392227
998 loss:  0.08214923739433289
999 loss:  0.07575567066669464
```

每 10 次迭代绘制训练动态:

```
    if i % 10 == 0:
        # 动态画出 loss 走向结果在 images/result_of_iris_multi-classfication.png
        plt.cla()
        plt.plot(px, py, 'r-', lw=1)
        plt.text(0, 0, 'Loss=%.4f' % loss.data[0], fontdict={'size': 20,
'color': 'red'})
        plt.pause(0.1)
'''
```

训练过程中损失动态变化如图 3-13 所示。

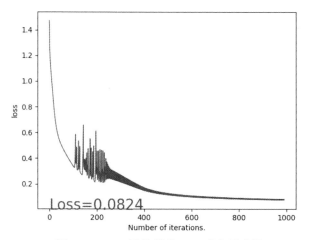

图 3-13　1000 次迭代的 Loss 变化示意图

第 4 章
深度神经网络及训练

上一章主要介绍了神经网络，内容包括神经元函数、激活函数、前向算法、反向传播算法、梯度下降等。上述内容基本上是传统神经网络的范畴。这个浪潮大致在 1980~1995 年间，主要标志是 1986 年 David Rumelhart 和 Geoffrey Hinton 等人使用反向传播算法训练具有一两个隐含层的神经网络。这种模拟人脑神经系统的神经网络初步成功，在一些诸如异或（XOR）问题上能够完美解决，人们热切地盼望着人工智能时代的到来。不少基于神经网络技术和其他 AI 技术的公司纷纷建立起来，但是在很多图像识别的实际问题上，神经网络很难进行训练，神经网络的参数调试需要很多技巧；同时，其他机器学习方法如 SVM（Support Vector Machine，支持向量机）、图模型取得了长足进步。这两者导致神经网络研究热潮的衰退，这种现象持续到 2006 年。Geoffrey Hinton 提出了一种名叫"深度信念网络"的神经网络，可以使用"贪婪逐层预训练"的策略有效地进行神经网络的训练[1]。紧接着，这种方法在其他神经网络的训练上也取得了成功。在诸如图像识别、语音识别等领域，这些新型的神经网络取得了令人瞩目的成绩，标志着机器学习一个全新时代的到来。这些新型的神经网络统称为深度学习，因为这些神经网络的模型可以有多个隐含层。深度学习主要包括深度神经网络、卷积神经网络、循环神经网络、LSTM 及强化学习等。

深度学习之所以能够成功，是因为解决了神经网络的训练问题，使得包含多个隐含层的神经网络模型变得可能。神经网络训练问题的解决，包括了四个方面的因素：

（1）硬件设备特别是高性能 GPU 的进步，极大地提高了数值运算和矩阵运算的速度，神经网络的训练时间明显减少。

（2）大规模得到标注的数据集（如 CIFAR10 和 ImageNet 等），可以避免神经网络因为参数过多而得不到充分训练的问题。

---

[1] Rumelhart, David E, Hinton, Geoffrey E, Williams, Ronald J. Learning representations by back-propagating errors[D]. Nature. 1986.

（3）新型的神经网络的提出，包括深度信念网络、受限玻尔兹曼机、卷积神经网络、RNN、LSTM 等。

（4）优化算法上的进步，包括 ReLU 激活函数、Mini-Batch 梯度下降算法、新型优化器、正则化、Batch Normalization 及 Dropout 等。本章主要阐述优化算法层面上的进步。

在本章中，主要介绍深度神经网络、梯度下降算法、优化器及正则化等训练优化技巧。在 4.1 节中介绍深度神经网络，阐述神经网络的缺点和改进策略；在 4.2 节中介绍梯度下降算法及其改进算法；在 4.3 节中介绍优化器；在 4.4 节介绍正则化、Batch Normalization 和 Dropout；在 4.5 节中使用 PyTorch 实现深度神经网络，将 4.2～4.4 节的知识点在代码中实现。

4.1 深度神经网络

如果神经网络中前后层的所有结点都是相连的，那么这种网络结构称为全连接层网络结构。深度神经网络是最基础的神经网络之一，最显著的特征是其隐含层由全连接层构成。全连接层是一个经典的神经网络结构层。在图 4-1 中，该深度神经网络主要包括 1 个输入层、3 个隐含层、1 个输出层。前后层的所有结点都是两两相连的。

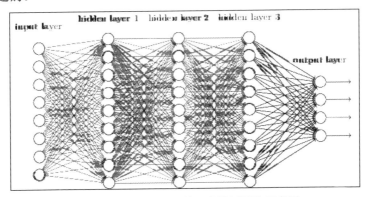

图 4-1 基于全连接层的深度神经网络示意图

深度神经网络是传统神经网络的扩展，看起来就是深度神经网络包含多个隐含层。不过，这个看似小小飞跃的背后，也经历长达 20 年的艰辛探索。1986 年基于后向传播的神经网络取得成功，人们期待神经网络一飞冲天，结果很快发现神经网络只能在有限的领域有效，同时还有严苛的训练技巧。直到 2006 年，Hilton 提出"贪婪逐层训练"的策略进行神经网络训练，在图像识别和语音识别领域率先突破，才取得了令人瞩目的成绩。后续研究发现，这种"逐层训练"的技巧不是完全必要的，在训练数据和计算资源充足的情况下，使用诸如 ReLU 激活函数、Mini-Batch 梯度下降算法、新型优化器、正则化、Batch Normalization 及 Dropout 等算法，就能训练得到比较满意的深度学习模型。那么，传统神经网络为什么难以训练呢？

4.1.1 神经网络为何难以训练

神经网络在层数较多的网络模型训练的时候很容易出问题。除了计算资源不足和带标注的训练数据因素引起的问题外，还表现出两个重大的问题：梯度消失问题和梯度爆炸问题。这两个问题在模型的层数增加时会变得更加明显。在图 4-1 所示深度神经网络中，如果存在梯度消失问题，根据反向传播算法原理，接近输出的隐含层3的权值更新相对正常；在反方向上，权值更新越来越不明显，以此类推，接近输入层的隐含层1的权值更新几乎消失，导致经过很多次训练后，仍然接近初始化的权值，这样导致隐含层1相当于只对输入层做了一个同一映射，那么整个神经网络相当于不包括隐含层1的神经网络。

这个问题是如何产生的呢？在神经网络的训练中，以反向传播算法为例（假设神经网络中每一层只有一个神经元且对于每一层 $y_i = \sigma(z_i) = \sigma(w_i x_i + b_i)$，$\sigma$ 表示 sigmoid 激活函数），如图 4-2 所示。

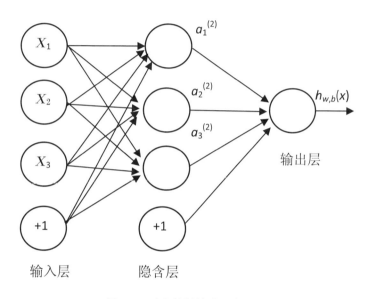

图 4-2 反向传播算法示意图

根据链式法则可以推导如下：

$$\frac{\partial C}{\partial b_1} = \frac{\partial C}{\partial y_4}\frac{\partial y_4}{\partial z_4}\frac{\partial z_4}{\partial x_4}\frac{\partial x_4}{\partial z_3}\frac{\partial z_3}{\partial x_3}\frac{\partial x_3}{\partial z_2}\frac{\partial z_2}{\partial x_2}\frac{\partial x_2}{\partial z_1}\frac{\partial z_1}{\partial b_1}$$

$$= \frac{\partial C}{\partial y_4}\sigma'(z_4)w_4\sigma'(z_3)w_3\sigma'(z_2)w_2\sigma'(z_1)$$

而 sigmoid 函数的公式为：

$$\sigma(x)=1/(1+\exp(1-x))$$

其导数公式为：

$$\sigma(x)=\sigma(x)(1-\sigma(x))$$

sigmoid 的导数 $\sigma'(x)$ 如图 4-3 所示。

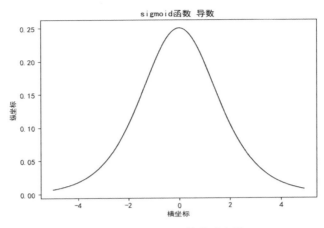

图 4-3　sigmoid 导数示意图

在图 4-3 中，导数 $\sigma'(x)$ 的最大值为 0.25，而初始化的权值 ω 的绝对值通常都小于 1，因此，导数 $|\sigma'(x)| < 1/4$，因此对于上面的链式求导，神经网络的层数越多，求导结果 $\frac{\partial C}{\partial b_1}$ 越小，因而在反向传播中导致梯度消失的情况出现。

同样地，梯度爆炸问题的出现原因类似，即 $|\sigma'(x)| > 1$ 也是比较大的情况，对于上面的链式求导，神经网络的层数越多，求导结果 $\frac{\partial C}{\partial b_1}$ 越大，因而在反向传播中导致梯度爆炸的情况出现。但对于 sigmoid 激活函数来说，这种情况比较少。因为 $\sigma'(z)$ 的大小也与 ω 有关（$z = \omega x + b$），除非该层的输入值一直在一个比较小的范围内。

其实梯度爆炸和梯度消失问题都是因为网络层数太深、权值更新不稳定造成的，本质上是因为梯度反向传播中的连乘效应。

4.1.2　改进策略

上面分析了神经网络训练中出现的两大问题，梯度消失和梯度爆炸。分析神经网络训练出现的问题，可以从分析损失函数错误平面开始。在上一章，已经详细讨论了损失函数。从对损失函数错误平面的讨论引申出优化思路——梯度下降。同时，神经网络也出现泛化的问题，深度学习模型在训练集上表现好，而在测试集上表现差。这时需要考虑新的思路，提高模型泛化的能力，需要正则化了。后面的章节主要分析梯度下降及和改进的各种方法和模型正则化方法，这些方法是深度学习模型训练和性能好坏不可或缺的。综合运用这些方法对于深刻理解和掌握深度学习、提高模型性能是必不可少的。

4.2 梯度下降

深度学习训练算法都是以梯度下降算法及其改进算法为核心的。在深度学习中，训练的最终目的是使损失函数最小。如何使损失函数最小？从数学知识知道，函数最小值处就是它导数为零的极值点，可以采用求取导数为 0 的方法找到极值点，同时也可以采用逐步逼近的方法把极值点找出来。梯度，在数学上来说是一个向量，指向函数值上升最快的方法。那么，梯度反方向就是梯度下降最快的方法。每次沿着梯度下降方向更新变量，就是找到函数最小值。对于深度学习的训练问题，同样采用梯度下降方法。

4.2.1 随机梯度下降

使用整个训练集的优化算法称为批量算法，因为它们会在一个大批量中同时处理所有样本。每次只使用单个样本的优化算法称为随机梯度算法。

批量梯度下降每次学习都使用整个训练集，其优点在于每次更新都会朝着正确的方向进行，最后能够保证收敛于极值点，这样其收敛速度快、迭代次数少。但是其缺点在于每次梯度更新需要遍历整个数据集，需要计算量大，消耗内存多，特别是在数据集比较大的时候，同时还不利于分布式训练。

随机梯度下降算法每次只随机选择一个样本来更新模型参数，因此每次的学习是非常快速的。随机梯度下降最大的缺点在于每次更新有时不会按照梯度下降最快的方向进行，因此可能带来扰动。对于局部极小值点，扰动使得梯度下降方向从当前的局部极小值点跳到另一个局部极小值点，最后难以收敛。由于扰动，收敛速度会变慢，神经网络在训练中需要更多的迭代次数才能达到收敛。

4.2.2 Mini-Batch 梯度下降

大多数用于深度学习的梯度下降算法介于批量梯度下降和随机梯度下降之间，使用一个以上但又不是全部的训练样本，称为小批量梯度下降算法（Mini-Batch Gradient Descent）。

小批量梯度下降算法需要样本随机抽取。计算梯度需要样本满足相互独立的条件，而现实中数据自然排列，前后样本之间具有一定的关联性。因此需要把样本顺序随机打乱，以便满足样本独立性的要求。小批量梯度下降综合了批量梯度下降与随机梯度下降，在每次更新速度与更新次数中间取得一个平衡，每次更新从训练集中随机选择 m(m<n)个样本进行学习。

相对于随机梯度下降，Mini-Batch 梯度下降降低了收敛扰动性，即降低了参数更新的方差，使得更新更加稳定。相对于批量梯度下降，其提高了每次学习的速度，并且不用担心内存瓶颈可以利用矩阵运算进行高效计算。一般而言，每次更新随机选择{50,256}个样本进行学习，但是也要根据具体问题而选择，实践中可以进行多次试验，选择一个更新速度与更新次数都较适合的样本数。Mini-Batch 梯度下降可以保证收敛性，又可以保证更新速度快，常用于神经网络的训练中。

目前，Mini-Batch 梯度下降方法是深度学习中的主流方法。在深度学习实践中，批量梯度下降方法和随机梯度下降方法可以看作 Mini-Batch 梯度下降的特例，批量梯度下降看作是 Mini-Batch 的 size 大小是整个数据集，随机梯度下降看作 Mini_batch 的 size 大小为 1 的情况，因此只有一种 Mini-Batch 的方法。在 PyTorch 中，同样如此。Mini-Batch 方法是作为数据加载函数 torch.utils.data.DataLoader 的一个系数 batch_size 出现的，如果 batch_size 为 1 就是随机梯度下降方法；如果 batch_size 为数据集大小就是批量梯度下降方法；如果不为上述两个数值，就是 Mini-Batch 方法。特别指出，PyTorch 中函数 DataLoader 只涉及数据集的划分，并不涉及梯度下降算法。

```
class torch.utils.data.DataLoader(dataset, batch_size=1, shuffle=False,
sampler=None, batch_sampler=None,
    num_workers=0, collate_fn=<function default_collate>, pin_memory=False,
drop_last=False)
    ##具体实例
    train_loader = torch.utils.data.DataLoader(dataset=train_dataset, batch_size=batch_size, shuffle=True)
```

在函数 torch.utils.data.DataLoader 中，实现数据加载功能，根据 Mini-Batch 方法和采样机制，对数据集进行划分，并在数据集上提供单进程或多进程迭代器。各个参数的意义如下：

- dataset：加载数据的数据集。
- batch_size：Mini-Batch 的尺寸大小，每个 batch 加载多少个样本（默认为 1）。
- shuffle：设置为 True 时，每次迭代时都会重新把数据打乱；在训练中，必须设置为 True。
- sampler：定义从数据集中提取样本的策略。如果指定该参数，则忽略 shuffle 参数。
- batch_sampler: 类似于采样器，但每次返回一批索引。与 batch_size、shuffle、sampler 和 drop_last 参数互斥。
- num_workder：用多少个子进程加载数据。0 表示数据将在主进程中加载（默认为 0）。
- collate_fn：合并样本列表形成 Mini-Batch。
- pin_memory：使用固定的内存缓冲区，主机到 GPU 的复制速度要快很多，通过将 pin_memory=True，可以使 DataLoader 将 batch 返回到固定内存中。
- drop_last：如果数据集大小不能被 batch_size 整除，则设置为 True 后可删除最后一个不完整的 batch。如果设为 False 并且数据集的大小不能被 batch_size 整除，则最后一个 batch 将更小（默认为 False）。

4.3 优化器

在上一节中，分析了梯度下降方法。对梯度下降算法可以进行多方面的优化，可以加速梯度下降，可以改进学习率。在 PyTorch 中，有一个优化器（Optimizer）的概念，具体包的名称叫 torch.optim。具体包含的优化算法有 SGD、Momentum、RMSProp、AdaGrad 和 Adam。其中，Momentum 是加速梯度下降，其他三种方法是改进学习率。下面先介绍上述算法，接着讨论如何使用上述算法以及更多的优化策略。

4.3.1 SGD

在深度学习和 PyTorch 实践中，SGD 就是 Mini-Batch 梯度下降算法，《深度学习》中对这种说法特别进行过说明[1]。随机梯度下降方法及其变种是深度学习中应用最多的优化方法。

SGD 方法流程如下[2]：

Require: 学习率 ϵ_k
Require: 初始参数 θ
    while 停止准则未满足 **do**
        从训练集中采包含 m 个样本 $\{\mathbf{x}^{(1)}, \ldots, \mathbf{x}^{(m)}\}$ 的小批量，其中 $\mathbf{x}^{(i)}$ 对应目标为 $\mathbf{y}^{(i)}$
        计算梯度估计：$g \leftarrow +\frac{1}{m} \nabla_\theta \sum_i L(f(x^{(i)}; \theta), y^{(i)})$
        应用更新：$\theta \leftarrow \theta - \varepsilon g$
    end while

4.3.2 Momentum

SGD 方法是常用的优化方法，但其收敛过程会很慢，Momentum 方法可以加速收敛。Momentum 方法，顾名思义，类似物理学上的动量。设想一下，从山顶滚下一个铁球，铁球在滚下山的过程中，速度越来越快，动量不断增加，加速冲向终点。基于动量的梯度下降算法是如何表现的呢？算法在更新模型参数时，对于那些当前的梯度方向与上一次梯度方向相同的参数进行加强，即这些方向上更

---
[1] 张志华, 等. 深度学习[M]. 北京：人民邮电出版社, 2017: 171.
[2] 张志华, 等. 深度学习[M]. 北京：人民邮电出版社, 2017: 180.

快了；对于那些当前的梯度方向与上一次梯度方向不同的参数进行削减，即这些方向上减缓了。因此 Momentum 方法可以获得更快的收敛速度与减少扰动。

使用了动量的 SGD 算法如下[1]：

> **Require**：学习率 ε, 动量参数 α
> **Require**：初始参数 θ, 初始速度 v
>   **while** 没有达到停止准则 **do**
>   从数据集中采包含 m 个样本 $\{x^{(1)},...,x^{(m)}\}$ 的小批量，对应目标为 $y^{(i)}$
>   计算梯度估计：$g \leftarrow +\frac{1}{m}\nabla_\theta \sum_i L(f(x^{(i)};\theta), y^{(i)})$
>   计算速度更新：$v \leftarrow \alpha v - \varepsilon g$
>   应用更新：$\theta \leftarrow \theta + v$
>   **end while**

在 PyTorch 中，Adam 方法调用函数 torch.optim.SGD，注意 SGD 方法和动量方法都是调用同一个函数，靠设置参数 momentum 进行区分：

```
class torch.optim.SGD(params, lr=<objectobject>, momentum=0, dampening=0,
weight_decay=0, nesterov=False)
```

在 SGD 中，各个参数的意义如下：

- params：用于优化的迭代参数。
- lr：学习率，默认为 1e^{-3}。
- momentum：动量因子，用于动量梯度下降算法，默认为 0。
- dampening：抑制因子，用于动量算法，默认为 0。
- weight_decay：权值衰减系数，L2 参数，默认为 0。
- nesterov：nesterov 动量方法使能。

4.3.3 AdaGrad

学习率是 SGD 的一个关键参数，但是它是比较难以设置的参数之一，因为它对神经网络模型有很大的影响。如何自适应地设置模型参数的学习率是深度学习的研究方向之一。AdaGrad 算法，根据每个参数所有梯度历史平方值总和的平方根，成反比地缩放参数，能独立地适应调整所有模型参数的学习率。损失最大偏导的参数相应地有一个快速下降的学习率，损失较小偏导的参数在学习率上的下降幅度相对较小。在参数空间中更为平缓的倾斜方向会取得更大的进步。AdaGrad 算法具有一些令人满意的理论性质。然而，实践中发现，在训练神经网络时，从训练开始时积累的梯度平方会导致有效学习率过早和过量减小。AdaGrad 只在某些深度学习模型上效果不错。

AdaGrad 算法如下[2]：

---

[1] 张志华，等. 深度学习[M]. 北京：人民邮电出版社，2017: 182.
[2] 张志华，等. 深度学习[M]. 北京：人民邮电出版社，2017: 189.

Require: 全局学习率 ε
Require: 初始参数 θ
Require: 小常数 δ,为了数值稳定大约设为 10^{-7}
初始化梯度累积变量 $r = 0$
    while 没有达到停止准则 **do**
        从训练集中采包含 m 个样本 $\{x^{(1)}, \ldots, x^{(m)}\}$ 的小批量,对应目标为 $y^{(i)}$
        计算梯度: $g \leftarrow +\frac{1}{m}\nabla_\theta \sum_i L(f(x^{(i)};\theta), y^{(i)})$
        累积平方梯度: $r \leftarrow \rho r + (1-\rho)g \odot g$
        计算更新: $\Delta\theta = \frac{-\epsilon}{\sqrt{\delta+r}} \odot g$ (逐元素地应用除和求平方根)
        应用更新: $\theta \leftarrow \theta + \Delta\theta$
    end while

在 PyTorch 中,Adam 方法调用函数 torch.optim.Adagrad:

`class torch.optim.Adagrad(params, lr=0.01, lr_decay=0, weight_decay=0)`

在 Adagrad 中,各个参数的意义如下:

- params:用于优化的迭代参数。
- lr:学习率,默认为 $1e^{-3}$。
- lr_decay:学习率衰减因子,默认为 0。
- weight_decay:权值衰减系数,L2 参数,默认为 0。

4.3.4 RMSProp

    AdaGrad 在凸函数中能够快速收敛,但实际神经网络的损失函数难以满足这个条件。Hilton 修改 AdaGrad 的梯度平方计算方式,改变计算梯度平方累加方式为对应的指数衰减平均,这就是 RMSProp 方法。AdaGrad 根据平方梯度的整个历史收缩学习率,使得学习率过早和过快地衰减。RMSProp 使用指数衰减平均以丢弃遥远过去的历史,可以避免学习率下降过快的问题。在实践中,RMSProp 已被证明是一种有效且实用的深度神经网络优化算法。目前它是深度学习从业者经常采用的优化方法之一。

    RMSProp 算法如下[1]:

Require: 全局学习率 ε,衰减速率 ρ
Require: 初始参数 θ
Require: 小常数 δ,通常设为 10^{-6} (用于被小数除时的数值稳定)
初始化累积变量 $r = 0$
    while 没有达到停止准则 **do**
        从训练集中采包含 m 个样本 $\{x^{(1)}, \ldots, x^{(m)}\}$ 的小批量,对应目标为 $y^{(i)}$
        计算梯度: $g \leftarrow +\frac{1}{m}\nabla_\theta \sum_i L(f(x^{(i)};\theta), y^{(i)})$
        累积平方梯度: $r \leftarrow \rho r + (1-\rho)g \odot g$
        计算参数更新: $\Delta\theta = \frac{-\epsilon}{\sqrt{\delta+r}} \odot g$ ($\frac{1}{\sqrt{\delta+r}}$ 逐元素应用)

---

[1] 张志华,等. 深度学习[M]. 北京:人民邮电出版社,2017: 188.

应用更新：$\theta \leftarrow \theta + \Delta\theta$
end while

在 PyTorch 中，Adam 方法调用函数 torch.optim.RMSProp：

```
Class torch.optim.RMSprop(params, lr=0.01, alpha=0.99, eps=1e-08, weight_decay=0, momentum=0, centered=False)
```

在 RMSprop 中，各个参数的意义如下：

- params：用于优化的迭代参数。
- lr：学习率，默认为 $1e^{-3}$。
- momentum：动量因子，默认为 0。
- alpha：平滑常量，默认为 0.99。
- eps：添加到分母的因子，用于改善分子稳定性，默认为 $1e^{-08}$。
- centered：如果为真，计算中心化的 RMSprop，梯度根据它的方差进行归一化。
- weight_decay：权值衰减系数，L2 参数，默认为 0。

4.3.5 Adam

Adam 是另一种学习率自适应的优化算法，被看作 RMSProp 方法和动量方法的结合。首先，在 Adam 中，动量直接并入了梯度一阶矩的估计。将动量加入 RMSProp 最直观的方法是将动量应用于缩放后的梯度。其次，Adam 包括偏置修正，修正从原点初始化的一阶矩和二阶矩的估计。Adam 方法的优点在于经过偏置校正后，每一次迭代学习率都有一个确定的范围，从而使得参数比较平稳。Adam 方法通常被认为优秀的优化方法。

Adam 算法如下[1]：

Require：步长 ε（建议默认为：0.001）
Require：矩估计的指数衰减速率，ρ_1 和 ρ_2 在区间 [0, 1] 内。（建议 ρ_1 和 ρ_2 默认为 0.9 和 0.999）
Require：用于数值稳定的小常数 δ（建议默认为 10^{-8}）
Require：初始参数 θ
初始化一阶和二阶矩变量 $s = 0$，$r = 0$
初始化时间步 $t = 0$
    while 没有达到停止准则 **do**
        从训练集中采包含 m 个样本 $\{x^{(1)}, \ldots, x^{(m)}\}$ 的小批量，对应目标为 $y^{(i)}$
        计算梯度：$g \leftarrow \frac{1}{m} \nabla_\theta \sum_i L(f(x^{(i)}; \theta), y^{(i)})$
        $t \leftarrow t + 1$
        更新有偏一阶矩估计：$s \leftarrow \rho_1 s + (1 - \rho_1) g$
        更新有偏二阶矩估计：$r \leftarrow \rho_2 r + (1 - \rho_2) g \odot g$
        修正一阶矩的偏差：$\hat{s} = \frac{s}{1 - \rho_1^t}$

---

[1] 张志华，等. 深度学习[M]. 北京：人民邮电出版社，2017: 188.

修正二阶矩的偏差：$\hat{r} = \frac{r}{1-\rho_2^t}$

计算更新：$\Delta\theta = -\varepsilon \frac{\hat{s}}{\sqrt{\hat{r}}+\delta}$（逐元素应用操作）

应用更新：$\theta \leftarrow \theta + \Delta\theta$

end while

在 PyTorch 中，Adam 方法调用函数 torch.optim.Adam：

```
class torch.optim.Adam(params, lr=0.001, betas=(0.9, 0.999), eps=1e-08, weight_decay=0)
```

在 torch.optim.Adam 中，各个参数意义如下：

- params：用于优化的迭代参数。
- lr：学习率，默认为 $1e^{-3}$。
- betas：用于计算梯度平均和平方的参数，默认为(0.9,0.999)。
- eps：添加到分母的因子，用于改善分子稳定性，默认为 $1e^{-08}$。
- weight_decay：权值衰减系数，L2 参数，默认为 0。

4.3.6 选择正确的优化算法

4.3 节中讨论了一系列算法，通过自适应每个模型参数的学习率以解决优化深度模型中的难题。此时，一个自然的问题是：应该选择哪种算法呢？遗憾的是，目前在这一点上没有达成共识。chaul et al. (2014) 展示了许多优化算法在大量学习任务上极具价值的比较。结果表明，具有自适应学习率（以 RMSProp 和 AdaDelta 为代表）的算法族表现得相当健壮，性能差不多，但没有哪个算法能脱颖而出。

目前，最流行并且使用很高的优化算法包括 SGD、具有动量的 SGD、RMSProp、AdaDelta 和 Adam。如果你的数据特征是稀疏的，那么最好使用自适应学习速率 SGD 优化方法（Adagrad、Adadelta、RMSprop 与 Adam），因为不需要在迭代过程中对学习速率进行人工调整。RMSprop 是 Adagrad 的一种扩展，与 Adadelta 类似，但是改进版的 Adadelta 使用 RMS 去自动更新学习速率，并且不需要设置初始学习速率。Adam 是在 RMSprop 基础上使用动量与偏差修正。RMSprop、Adadelta 与 Adam 在类似的情形下的表现差不多。得益于偏差修正，Adam 略优于 RMSprop，因为其在接近收敛时梯度变得更加稀疏。因此，Adam 可能是目前最好的 SGD 优化方法。

有趣的是，最近很多论文都是使用原始的 SGD 梯度下降算法，并且使用简单的学习速率退火调整（无动量项）。现有的实验已经表明：SGD 能够收敛于最小值点，但是相对于其他的 SGD，它可能花费的时间更长，并且依赖于健壮的初始值以及学习速率退火调整策略，并且容易陷入局部极小值点，甚至鞍点。因此，如果你在意收敛速度或者训练一个更深或者更复杂的网络，应该选择一个自适应学习速率的 SGD 优化方法。

为了使得学习过程无偏，应该在每次迭代中随机打乱训练集中的样本。在验证集上如果连续的多次迭代过程中损失函数不再显著地降低，那么应该提前结束训练。对梯度增加随机噪声会增加模型的健壮性，即使初始参数值选择得不好，并适合对特别深层次的网络进行训练。其原因在于增加随机噪声会有更多的可能性跳过局部极值点并去寻找一个更好的局部极值点，这种可能性在深层次的网络中更常见。

4.3.7 优化器的使用实例

1．加载数据

```
import torch
import torch.utils.data as Data
import torch.nn.functional as F
from torch.autograd import Variable
import matplotlib.pyplot as plt
import numpy as np

torch.manual_seed(1)      # 确定随机种子，保证结果可重复

LR = 0.01
BATCH_SIZE = 20
EPOCH = 10

# 生成数据
x = torch.unsqueeze(torch.linspace(-1, 1, 1500), dim=1)
y= x.pow(3) + 0.1*torch.normal(torch.zeros(*x.size()))

# 数据画图
plt.scatter(x.numpy(), y.numpy())
plt.show()

# 把数据转换为torch类型
torch_dataset = Data.TensorDataset(data_tensor=x, target_tensor=y)
loader = Data.DataLoader(dataset=torch_dataset, batch_size=BATCH_SIZE, shuffle=True, num_workers=2,)
```

数据结果如图 4-4 所示。

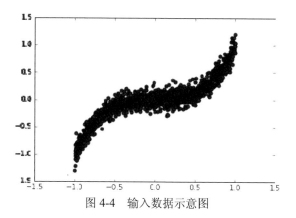

图 4-4　输入数据示意图

2. 配置模型和优化器

```
# 定义模型
class Net(torch.nn.Module):
    def __init__(self):
        super(Net, self).__init__()
        self.hidden = torch.nn.Linear(1, 20)    # 隐含层
        self.predict = torch.nn.Linear(20, 1)    # 输出层

    def forward(self, x):
        #pdb.set_trace()
        x = F.relu(self.hidden(x))        # 隐含层的激活函数
        x = self.predict(x)               # 线性输出
        return x

# 不同的网络模型
net_SGD      = Net()
net_Momentum = Net()
net_RMSprop  = Net()
net_AdaGrad  = Net()
net_Adam     = Net()

nets = [net_SGD, net_Momentum, net_AdaGrad, net_RMSprop, net_Adam]
# 不同的优化器
opt_SGD = torch.optim.SGD(net_SGD.parameters(), lr=LR)
opt_Momentum = torch.optim.SGD(net_Momentum.parameters(), lr=LR, momentum=0.8)
opt_AdaGrad = torch.optim.Adagrad(net_AdaGrad.parameters(), lr=LR)
opt_RMSprop = torch.optim.RMSprop(net_RMSprop.parameters(), lr=LR, alpha=0.9)
opt_Adam = torch.optim.Adam(net_Adam.parameters(), lr=LR, betas=(0.9, 0.99))
optimizers = [opt_SGD, opt_Momentum, opt_AdaGrad, opt_RMSprop, opt_Adam]

loss_func = torch.nn.MSELoss()
```

```
losses_his = [[], [], [], [],[]]    # 记录loss用
```

3. 使用各个优化器训练模型

```
# 模型训练
for epoch in range(EPOCH):
    print('Epoch: ', epoch)
    for step, (batch_x, batch_y) in enumerate(loader):
        b_x = Variable(batch_x)
        b_y = Variable(batch_y)
        
        for net, opt, l_his in zip(nets, optimizers, losses_his):
            output = net(b_x)              # 前向算法的结果
            pdb.set_trace()
            loss = loss_func(output, b_y)  # 计算loss
            opt.zero_grad()                # 梯度清零
            loss.backward()                #后向算法，计算梯度
            opt.step()                     # 应用梯度
            l_his.append(loss.data[0])     # 记录loss

labels = ['SGD', 'Momentum', 'AdaGrad', 'RMSprop', 'Adam']
for i, l_his in enumerate(losses_his):
    plt.plot(l_his, label=labels[i])
plt.legend(loc='best')
plt.xlabel('Steps')
plt.ylabel('Loss')
plt.ylim((0, 0.2))
plt.show()
```

4. 优化器结果对比

结果如图 4-5 所示。

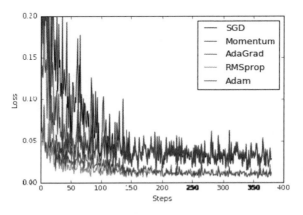

图 4-5　各种优化器示意图

4.4 正则化

前面章节阐述了深度学习的优化和各种优化方法，深度学习优化的主要目的是解决深度学习的训练问题。与此同时，深度学习主要的挑战是深度学习算法不仅要在训练上表现良好，还要在测试集上表现好。这种既在训练上表现良好又在测试集上表现良好的能力称为泛化。欠拟合是指深度学习模型在训练上表现差，过拟合是指深度学习模型在训练上表现良好、在测试上表现差，如图4-6所示。

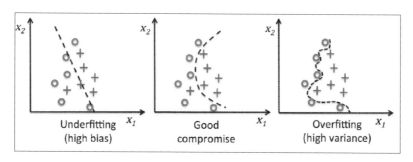

图4-6 欠拟合和过拟合示意图

要在欠拟合和过拟合问题中间平衡，一个常用的方法是正则化（Regularization）。正则化的思想就是在目标函数中引入额外的信息来惩罚过大的权重参数。假设用于训练神经网络模型在训练数据上表现的目标函数为$J(\theta)$，那么在优化时不是直接优化$J(\theta)$，而是优化$J(\theta) + \lambda R(W)$。其中，λ称为正则化系数，$\lambda R(W)$称为正则项，$\lambda \in [0, \infty]$，λ等于0，表示没有正则化，λ越大，表示正则化惩罚越大。需要说明的是，在深度学习中，参数包括每一层神经元的权重w和偏置b，通常只对权重做正则惩罚而不对偏置做正则惩罚。

4.4.1 参数规范惩罚

参数规范惩罚包括有L2参数正则化和L1参数正则化。

1. L2参数正则化

在深度学习中，L2正则化又称为权值衰减。L2正则化通常的做法是只针对权值w，而不针对偏置b。

对模型参数w的L1正则化被定义为：

$$R(w) = \frac{1}{2} vwv^2 = \frac{1}{2} \sum_{j=1}^{m} w_j^2$$

分析证明，L2正则化能让权值w变小，这也是权值衰减的由来。过拟合的时候，在某些小区间内，函数值的变化比较剧烈，由于函数在某些小区间里的导数值比较大，而自变量可大可小，要使得导数比较大，这意味着权值 w 的值比较大。正则化约束参数的范数使其不能太大，可以在某种程度上减少过拟合的情况。

2. L1 参数正则化

对模型参数 w 的 L1 正则化被定义为：

$$R(w) = vwv^1 = \sum_{j=1}^{m} w_j^1$$

相比 L2 正则化，L1 正则化会产生更稀疏的解。L1 正则化的稀疏性已经广泛应用于特征选择机制。

通常来讲，正则化的神经网络要比未正则化的网络泛化能力更好。

在 PyTorch 中，只实现有 L2 正则化，没有实现 L1 正则化。在 torch.optim.SGD 和其他 torch.optim 优化算法中，weight_decay 就是 L2 正则化。

4.4.2 Batch Normalization

在机器学习上，如果训练数据和测试数据都符合一定的状态分布，那么训练的模型能够较好地预测测试集上的数据；反之，训练的模型在测试集上的表现就会变差。在训练神经网络模型时，可以事先将特征去相关并使得它们满足一个比较好的分布，这样模型的第一层网络一般都会有一个比较好的输入特征，但是随着模型的层数加深，网络的非线性变换使得每一层的结果变得相关了，并且不再满足标准正态分布。更糟糕的是，可能这些隐含层的特征分布已经发生了偏移。为了解决这个问题，研究人员提出在层与层之间加入 Batch Normalization（BN）层。训练时，BN 层利用隐含层输出结果的均值与方差来标准化每一层特征的分布，并且维护所有 Mini-Batch 数据的均值与方差，最后把样本的均值与方差的无偏估计量用于测试时使用。

鉴于在某些情况下非标准化分布的层的特征可能是最优的，标准化每一层的输出特征反而会使得网络的表达能力变得不好，BN 层加上了两个可学习的缩放参数和偏移参数以便模型自适应地去调整层的特征分布。

BatchNormalization 是一种非常简便而又实用的加速收敛速度技术。Batch Normalization 层的作用：

（1）使得模型训练收敛的速度更快。
（2）模型隐藏输出特征的分布更稳定，更利于模型的学习。

在 PyTorch 中，有封装好的 Batch Normalization 层，相应的类 BatchNorm1d()、BatchNorm2d()、BatchNorm3d()可以直接使用，其调用如下：

```
class torch.nn.BatchNorm1d(num_features, eps=1e-05, momentum=0.1, affine=True)
class torch.nn.BatchNorm2d(num_features, eps=1e-05, momentum=0.1, affine=True)
class torch.nn.BatchNorm3d(num_features, eps=1e-05, momentum=0.1, affine=True)
```

对小批量（Mini-Batch）的 2d 或 3d 输入进行批标准化（Batch Normalization）操作，在每一个小批量数据中，计算输入各个维度的均值和标准差。gamma 与 beta 是可学习的大小为 C 的参数向量（C 为输入大小）。在训练时，该层计算每次输入的均值与方差，并进行移动平均。移动平均默认的动量值为 0.1。

在测试时，训练求得的均值/方差将用于标准化验证数据。

参数意义如下：

- num_features：来自期望输入的特征数。
- eps：为保证数值稳定性（分母不能趋近或取 0），给分母加上的值，默认为 $1e^{-5}$。
- momentum：动态均值和动态方差所使用的动量，默认为 0.1。
- affine：一个布尔值，设为 True 时，给该层添加可学习的仿射变换参数。

使用实例：

```
# 带有可学习的参数
m = nn.BatchNorm1d(100)
#不带有可学习的参数
m = nn.BatchNorm1d(100, affine=false)
input = autograd.Variable(torch.randn(20, 100))
output = m(input)
```

4.4.3 Dropout

Dropout 是指在深度学习网络的训练过程中，对于神经网络单元，按照一定的概率将其暂时从网络中丢弃，这样可以让模型更加健壮，因为它不会太依赖某些局部的特征（因为局部特征有可能被丢弃）。注意是暂时，对于随机梯度下降来说，由于是随机丢弃，故而每一个小批量都在训练不同的网络。Dropout 是 Hilton 于 2012 年在论文《Improving neural networks by preventing co-adaptation of feature detectors》中提出的，如图 4-7 所示。

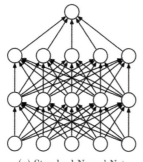
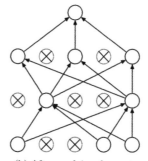

图 4-7　Dropout 示意图

图 4-7（a）是一个标准的全连接的神经网络；（b）是对（a）应用了 Dropout 的结果，会以一定的概率（Dropout Probability）随机地丢弃一些神经元。在实践中，通过把神经元的输出置为 0 来"关闭"神经元。具体的步骤如下：

（1）建立一个维度和本层神经元相同的矩阵 **D**。

（2）根据概率（这里用变量 keep_prob 代表）将 **D** 中的元素设置为 0，设置为 0 的神经元表示该神经元将失效，不参与后续的计算。

（3）将本层激活函数的输出与 **D** 相乘作为新的输出。

（4）新的输出将除以 keep_prob，以保证训练和测试满足同一分布，这样在测试中 Dropout 就可以参与计算了。

在 PyTorch 中，Dropout 有专门的 Dropout 层，包括两个类。使用如下：

```
class torch.nn.Dropout(p=0.5,inplace=False)
class torch.nn.Dropout2d(p=0.5,inplace=False)
```

- Dropout：在训练中根据 Bernoulli 分布随机将输入张量中的部分元素（概率为 p）设置为 0。对于每次前向调用，被置 0 的元素都是随机的。
- p：将元素置 0 的概率，默认为 0.5。
- inplace：若设置为 True，则对 input 进行直接处理，默认为 False。

其中，Dropout2d 的输入来自 conv2d 模块。

在训练中，Dropout 的输出需要乘以 $1/(1-p)$，这样训练和测试将满足同一分布。样例如下：

```
import torch
torch.manual_seed(1) #设置随机数种子，确保结果可重复
m = torch.nn.Dropout(p=0.5)
input = torch.autograd.Variable(torch.randn(5, 5))
output = m(input)
print(input)
print(output)
```

变量 Input 是：

```
Variable containing:
-2.9718  1.7070 -0.4305 -2.2820  0.5237
 0.0004 -1.2039  3.5283  0.4434  0.5848
 0.8407  0.5510  0.3863  0.9124 -0.8410
 1.2282 -1.8661  1.4146 -1.8781 -0.4674
-0.7576  0.4215 -0.4827 -1.1198  0.3056
[torch.FloatTensor of size 5x5]
```

变量 Out 是：

```
Variable containing:
-0.0000  3.4139 -0.8610 -0.0000  0.0000
 0.0000 -2.4077  7.0566  0.0000  1.1696
```

```
 1.6813  0.0000  0.7726  0.0000 -0.0000
 0.0000 -0.0000  0.0000 -3.7562 -0.9347
-0.0000  0.0000 -0.0000 -0.0000  0.0000
[torch.FloatTensor of size 5x5]
```

除了上述的正则化方法外，还有一些正则化方法也很常用。由于没有在 PyTorch 中实现，这里不做赘述。这些正则化方法包括数据集增强、噪声健壮性、多任务学习和提前终止等。有兴趣的人可以参看《深度学习》一书了解相关知识和内容。

4.5 PyTorch 实例：深度神经网络实现

本节讲解如何使用 PyTorch 实现一个简单的深度神经网络，使用的数据集是 MNIST，预期可以达到 98 %左右的准确率。该神经网络由 1 个输入层、1 个全连接层结构的隐含层和 1 个输出层构建，读者通过这个例子可以掌握设计深度神经网络的特征以及参数的配置。

1. 配置库和配置参数

```
Import torch
import torch.nn as nn
import torchvision.datasets as dsets
import torchvision.transforms as transforms
from torch.autograd import Variable

# Hyper Parameters    配置参数
torch.manual_seed(1) #设置随机数种子，确保结果可重复
input_size = 784   #
hidden_size = 500
num_classes = 10
num_epochs = 5    #训练次数
batch_size = 100   #批处理大小
learning_rate = 0.001  #学习率
```

2. 加载 MINST 数据

```
# MNIST Dataset   下载训练集 MNIST 手写数字训练集
train_dataset = dsets.MNIST(root='./data',    #数据保持的位置
                    train=True,  # 训练集
                    transform=transforms.ToTensor(),
                     #一个取值范围是[0,255]的 PIL.Image
                     # 转化为取值范围是[0,1.0]的 torch.FloadTensor
                    download=True)  #下载数据

test_dataset = dsets.MNIST(root='./data',
```

```
                          train=False,    # 测试集
                          transform=transforms.ToTensor())
```

3. 数据的批处理

```
# Data Loader (Input Pipeline)
#数据的批处理,尺寸大小为batch_size,
#在训练集中,shuffle必须设置为True,表示次序是随机的
train_loader = torch.utils.data.DataLoader(dataset=train_dataset,
                                           batch_size=batch_size,
                                           shuffle=True)

test_loader = torch.utils.data.DataLoader(dataset=test_dataset,
                                          batch_size=batch_size,
                                          shuffle=False)
```

4. 创建 DNN 模型

```
# Neural Network Model (1 hidden layer)   定义神经网络模型
class Net(nn.Module):
    def __init__(self, input_size, hidden_size, num_classes):
        super(Net, self).__init__()
        self.fc1 = nn.Linear(input_size, hidden_size)
        self.relu = nn.ReLU()
        self.fc2 = nn.Linear(hidden_size, num_classes)

    def forward(self, x):
        out = self.fc1(x)
        out = self.relu(out)
        out = self.fc2(out)
        return out

net = Net(input_size, hidden_size, num_classes)
```

打印模型,呈现网络结构:

```
Print( net)
```

模型如下:

```
Net (
  (fc1): Linear (784 -> 500)
  (relu): ReLU ()
  (fc2): Linear (500 -> 10)
)
```

5. 训练流程

下面开始训练,将 imges、labels 都用 Variable 包起来,然后放入模型中计算输出,最后计算 Less 和正确率。

```
# Loss and Optimizer   定义loss和optimizer
```

```
criterion = nn.CrossEntropyLoss()
optimizer = torch.optim.Adam(net.parameters(), lr=learning_rate)

# Train the Model   开始训练
for epoch in range(num_epochs):
    for i, (images, labels) in enumerate(train_loader):  #批处理
        # Convert torch tensor to Variable
        images = Variable(images.view(-1, 28*28))
        labels = Variable(labels)

        # Forward + Backward + Optimize
        optimizer.zero_grad()  # zero the gradient buffer
                            #梯度清零,以免影响其他batch
        outputs = net(images)  # 前向传播
        loss = criterion(outputs, labels)  # loss
        loss.backward()  # 后向传播,计算梯度
        optimizer.step() #梯度更新

        if (i+1) % 100 == 0:
            print('Epoch [%d/%d], Step[%d/%d], Loss: %.4f'%(epoch+1, num_epochs,
                i+1, len(train_dataset)//batch_size, loss.data[0]))
```

6. 在测试集测试识别率

```
# Test the Model,测试集上验证模型
correct = 0
total = 0
for images, labels in test_loader: #test set 批处理
    images = Variable(images.view(-1, 28*28))
    outputs = net(images)
    _, predicted = torch.max(outputs.data, 1)  # 预测结果
    total += labels.size(0)  # 正确结果
    correct += (predicted == labels).sum()  #正确结果总数
print('Accuracy of the network on the 10000 test images: %d %%' % (100 * correct / total))
```

最后的训练和测试上 Loss 和识别率如下:

```
Epoch [1/5], Step [100/600], Loss: 0.2729
Epoch [1/5], Step [200/600], Loss: 0.1043
Epoch [1/5], Step [300/600], Loss: 0.1392
Epoch [1/5], Step [400/600], Loss: 0.4303
Epoch [1/5], Step [500/600], Loss: 0.1392
Epoch [1/5], Step [600/600], Loss: 0.1143
Epoch [2/5], Step [100/600], Loss: 0.2415
Epoch [2/5], Step [200/600], Loss: 0.1414
Epoch [2/5], Step [300/600], Loss: 0.0570
Epoch [2/5], Step [400/600], Loss: 0.0762
Epoch [2/5], Step [500/600], Loss: 0.1635
Epoch [2/5], Step [600/600], Loss: 0.1045
```

```
Epoch [3/5], Step [100/600], Loss: 0.0263
Epoch [3/5], Step [200/600], Loss: 0.0661
Epoch [3/5], Step [300/600], Loss: 0.0534
Epoch [3/5], Step [400/600], Loss: 0.0955
Epoch [3/5], Step [500/600], Loss: 0.0648
Epoch [3/5], Step [600/600], Loss: 0.0991
Epoch [4/5], Step [100/600], Loss: 0.0620
Epoch [4/5], Step [200/600], Loss: 0.0204
Epoch [4/5], Step [300/600], Loss: 0.0832
Epoch [4/5], Step [400/600], Loss: 0.0404
Epoch [4/5], Step [500/600], Loss: 0.0442
Epoch [4/5], Step [600/600], Loss: 0.0162
Epoch [5/5], Step [100/600], Loss: 0.0776
Epoch [5/5], Step [200/600], Loss: 0.0920
Epoch [5/5], Step [300/600], Loss: 0.0210
Epoch [5/5], Step [400/600], Loss: 0.0185
Epoch [5/5], Step [500/600], Loss: 0.0707
Epoch [5/5], Step [600/600], Loss: 0.0182
Accuracy of the network on the 10000 test images: 98 %
```

第 5 章

卷积神经网络

以全连接层为基础的深度神经网络是整个深度学习的基石。要说应用最广、影响最大的深度神经网络,那非卷积神经网络(Convolutional Neural Network,CNN)莫属。本章就全面阐述卷积神经网络。卷积神经网络虽然发布的时间较早,但直到 2006 年 Hilton 解决深度神经网络的训练问题后才焕发生机。卷积神经网络现在几乎是图像识别研究的标准配置。

简单回顾卷积神经网络的发展历程。日本科学家福岛邦彦(Kunihiko Fukushima)在 1986 年提出 Neocognitron(神经认知机),直接启发了后来的卷积神经网络[1]。Yann LeCun 于 1998 年提出的卷积神经 LeNet,首次提出了多层级联的卷积结构,可对手写数字进行有效识别[2]。2012 年,Alex 依靠卷积神经网络 AlexNet 夺得 ILSVRC 2012 比赛的冠军,吹响了卷积神经网络研究的号角。AlexNet 成功应用了 ReLU、Dropout、最大池化、LRN(Local Response Normalization,局部响应归一化)、GPU 加速等新技术,启发了后续更多的技术创新,加速了卷积神经网络和深度学习的研究[3]。从此,深度学习研究进入蓬勃发展的新阶段。2014 年 Google 提出的 GoogleNet,运用 Inception Module 这个可以反复堆叠高效的卷积网络结构,获得了当年 ImageNet ILSVRC 比赛的冠军,同年的亚军 VGGNet 全程使用 3×3 的卷积,成功训练了深度达 19 层的网络[4]。2015 年,微软提出了 ResNet,包含残差学习模块,成功训练了 152 层的网络,一举拿下当年 ILSVRC 比赛的冠军。

卷积神经网络技术的发展风起云涌,尽管卷积神经网络最初是为解决计算机视觉等问题设计的,现在其应用范围不仅仅局限于图像和视频领域,也可用于时间序列信号,比如音频信号等。本章主要通过卷积神经网络在计算机视觉上的应用来讲解卷积神经网络的基本原理以及如何使用 PyTorch 实现

---

[1] https://en.wikipedia.org/wiki/Neocognitron
[2] http://yann.lecun.com/exdb/mnist
[3] https://en.wikipedia.org/wiki/AlexNet
[4] https://ziyubiti.github.io/2016/11/27/cnnnet/

卷积神经网络。

本章首先介绍人类视觉和计算机视觉的基本原理，以及计算机视觉中特征的提取和选择；然后介绍卷积神经网络的主体思想和整体结构，并将详细讲解卷积层和池化层的网络结构、PyTorch 对这些网络结构的支持、如何设置每一层神经网络的配置，以及更加复杂的卷积神经网络结构，如 AlexNet、VGGNet、ResNet 等；最后在 MNIST 数据集上通过 PyTorch 使用卷积神经网络实现图片分类。

5.1 计算机视觉

5.1.1 人类视觉和计算机视觉

视觉是人类观察和认识世界非常重要的手段。据统计，人类从外部世界获取的信息约 80%从视觉获取，既说明视觉信息量巨大，同时又体现了视觉功能的重要性[1]。同时，人类视觉是如此的功能强大，在很短的时间里，迅速地辨识视线中的物体，在人的视觉系统中，人的眼睛捕捉物体得到光信息。这些光信息经过处理，运送到大脑的视觉皮层，分析得到以下信息：有关物体的空间、色彩、形状和纹理等。有了这些信息，大脑做出对该物体的辨识。对于人类而言，通过视觉来识别数字、识别图片中的物体或者找出图片中人脸的轮廓是非常简单的任务。然而对于计算机而言，让计算机识别图片中的内容就不是一件容易的事情。计算机视觉希望借助计算机程序来处理、分析和理解图片中的内容，使得计算机可以从图片中自动识别各种不同模式的目标和对象。

在深度学习出现之前，图像识别的一般过程是，前端为特征提取，后端为模式识别算法。后端的模式识别算法包括 K 近邻算法（K-Nearest Neighbors）、支持向量机（SVM）、神经网络等。对于不同的识别场景和越来越复杂的识别目标，寻找合适的前端特征显得尤为重要。

5.1.2 特征提取

对于特征提取，抽象于人的视觉原理，提取有关轮廓、色彩、纹理、空间等相关的特征。以色彩为例，它是一种现在仍然在广泛使用的特征，称为颜色直方图特征，这是一种简单、直观、对实际图片颜色进行数字化表达的方式。颜色的值用 RGB 三原色进行表示，颜色直方图的横轴表示颜色的 RGB 值，表示该物品所有颜色的集合，纵轴表示整个图像具有某个颜色值像素的数量，如图 5-1 所示。这样计算机就可以对图像进行颜色表征。

---

[1] https://zh.wikipedia.org/wiki/视觉

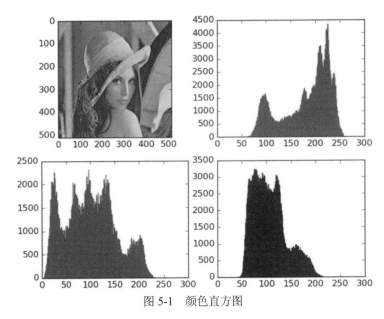

图 5-1　颜色直方图

以纹理特征为例，橘子会有凸凹不平的纹理，而苹果的纹理则非常光滑。这种局部的纹理刻画，如何通过特征抽象表示出来？Gabor 特征可以用来描述图像纹理信息的特征（见图 5-2），Gabor 滤波器的频率和方向与人类的视觉系统类似，特别适合于纹理表示与判别。SIFT（Scale Invariant Feature Transform，尺度不变特征变换）特征是一种检测局部特征的算法，该算法通过把图中特征点用特征向量进行描述，该特征向量具有对图像缩放、平移、旋转不变的特性，对于光照、仿射和投影变换也有一定的不变性。

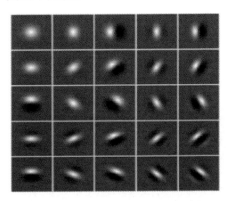

图 5-2　Garbor 特征示意图

形状特征也是图像特征的重要一类，HOG（Histogram of Oriented Gridients）特征就是其中一种。HOG 特征是一种描述图像局部梯度方向和梯度强度分布的特征，如图 5-3 所示。其核心内容是：在边缘具体位置未知的情况下，边缘方向的分布也可以很好地表示目标的外形轮廓。

图 5-3 HOG 特征检测示意图

上述特征提取算法提取的特征还是有局限的，尽管在颜色为黑白的数据集 MNIST 上的最好结果错误率为 0.54%[1]，但是在大型和复杂的数据 ImageNet ILSVRC 比赛的最好结果的错误率也在 26%以上，而且难以突破[2]。同时，提取的特征只在特定的场合有效，场景变化后，需要重新提取特征和调整模型参数。卷积神经网络能够自动提取特征，不必人为地提取特征，这样提取的特征能够达到更好的效果。同时，它不需要将特征提取和分类训练两个过程分开，在训练的过程中自动提取特征、循环迭代、自动选取最优的特征。

5.1.3 数据集

对于卷积神经网络的成功，计算机视觉领域的几大数据集可谓功不可没。在计算机视觉中有以下几大基础数据集。

1. MNIST

MNIST 数据集是用作手写体识别的数据集[3]。MNIST 数据集包含 60000 张训练图片、10000 张测试图片，如图 5-4 所示。其中，每一张图片都是 0~9 中的一个数字。图片尺寸为 28×28。由于数据集中数据相对比较简单，人工标注错误率仅为 0.2%。

---

[1] http://yann.lecun.com/exdb/mnist
[2] http://image-net.org/challenges/LSVRC/2012/results.html
[3] http://yann.lecun.com/exdb/mnist

图 5-4 MNIST 数据集样例

2. CIFAR 数据集

CIFAR 数据集是一个图像分类数据集[1]。CIFAR 数据集分为了 Cifar-10 和 Cifar-100 两个数据集。CIFAR 数据集中的图片为 32×32 的彩色图片，这些图片是由 Alex Krizhenevsky 教授、Vinod Nair 博士和 Geoffrey Hilton 教授整理的。Cifar-10 数据集收集了来自 10 个不同种类的 60000 张图片，这些种类有飞机、汽车、鸟、猫、鹿、狗、青蛙、马、船和卡车，如图 5-5 所示。在 Cifar-10 数据集上，人工标注的正确率为 94%。

图 5-5 CIFAR 数据集样例

---

[1] https://www.cs.toronto.edu/~kriz/cifar.html

3. ImageNet 数据集

ImageNet 数据集是一个大型图像数据集,由斯坦福大学的李飞飞教授带头整理而成[1]。在 ImageNet 中,近 1500 万张图片关联到 WordNet 中 20000 个名词同义词集上,如图 5-6 所示。ImageNet 每年举行计算机视觉相关的竞赛——Image Large Scale Visual Recognition Challenge(ILSVRC),ImageNet 的数据集涵盖计算机视觉的各个研究方向,其用作图像分类的数据集是 ILSVRC2012 图像分类数据集。ILSVRC2012 数据集的数据和 Cifar-10 数据集一致,识别图像中主要物体,其包含了来自 1000 个种类的 120 万张图片,每张图片只属于一个种类,大小从几千字节到几百万字节不等。卷积神经网络在此数据集上一战成名。

图 5-6　ImageNet 数据集样例

---

[1] http://www.image-net.org/challenges/LSVRC

5.2 卷积神经网络

计算机视觉作为人工智能的重要领域，在 2006 年后取得了很多突破性的进展。本章介绍的卷积神经网络就是这些突破性进展背后的技术基础。在前面章节中介绍的神经网络每两层的所有节点都是两两相连的，所以称这种网络结构为全连接层网络结构。可将只包含全连接层的神经网络称为全连接神经网络。卷积神经网络利用卷积结构减少需要学习的参数量，从而提高反向传播算法的训练效率。在卷积神经网络中，第一个卷积层会直接接受图像像素级的输入，每一个卷积操作只处理一小块图像，进行卷积操作后传递到后面的网络，每一层卷积都会提取数据中最有效的特征，如图 5-7 所示。这种方法可以提取到图像中最基础的特征，比如不同方向的拐角或者边，而后进行组合和抽象成更高阶的特征，因此卷积神经网络对图像缩放、平移和旋转具有不变性。

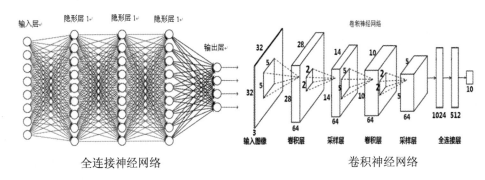

图 5-7 全连接神经网络和卷积神经网络结构示意图

在图像处理中，图像是一个或多个二维矩阵，如之前文中提到的 MNIST 手写体图片是一个 28×28 的二维矩阵。传统的神经网络都是采用全连接的方式，即输入层到隐含层的神经元都是全部连接的，这样导致参数量巨大，使得网络训练耗时甚至难以训练，并容易过拟合，而卷积神经网络则通过局部连接、权值共享等方法避免这一困难，如图 5-8 所示。

对于一个 200×200 的输入图像而言，如果下一个隐含层的神经元数目为 10^4 个，采用全连接则有 200×200×10^4 = 4×10^8 个权值参数，如此数目巨大的参数几乎难以训练；而采用局部连接，隐含层的每个神经元仅与图像中 4×4 的局部图像相连接，那么此时的权值参数数量为 4×4×10^4 = 1.6×10^5，将直接减少 3 个数量级。

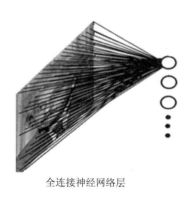 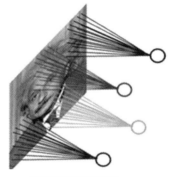

图 5-8　全连接神经网络和局部连接网络

尽管减少了几个数量级,但是参数数量依然较多。能否再进一步减少参数?方法就是权值共享。一个卷积层可以有多个不同的卷积核,而每一个卷积核都对应一个滤波后映射出的新图像,同一个新图像中每一个像素都来自完全相同的卷积核,就是卷积核的权值共享。具体做法是,在局部连接中隐含层的每一个神经元连接的是一个 4×4 的局部图像,因此有 4×4 个权值参数,将这 4×4 个权值参数共享给剩下的神经元,也就是说隐含层中 $4×10^4$ 个神经元的权值参数相同,那么此时不管隐含层神经元的数目是多少,需要训练的参数就是这 4×4 个权值参数(也就是卷积核的大小),如图 5-9 所示。

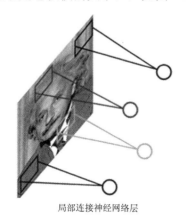 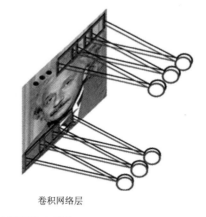

图 5-9　局部连接神经网络和卷积

这大概就是卷积神经网络的神奇之处,尽管只有这么少的参数,依旧有出色的性能。但是,这样仅提取了图像的一种特征,如果要多提取一些特征,可以增加多个卷积核,不同的卷积核能够得到图像的不同映射下的特征,称为特征映射。如果有 100 个卷积核,最终的权值参数也仅为 $100×100=10^4$ 个而已。另外,偏置参数也是共享的,同一种滤波器共享一个。

总结一下,卷积神经网络的要点就是卷积层中的局部连接、权值共享和池化层中下采样。局部连接、权值共享和降采样降低了参数量,使得训练复杂度大大降低,并减轻了过拟合的风险。同时还赋予了卷积神经网络对平移、形变、尺度的某种程度的不变性,提高了模型的泛化能力。

一般的卷积神经网络由卷积层、池化层、全连接层、Softmax 层组成。这四者构成了常见的卷积神经网络。

(1)卷积层。卷积层是卷积神经网络最重要的部分,也是卷积神经网络得名的缘由。卷积层中每一个节点的输入是上一层神经网络的一小块,卷积层试图将神经网络中的每一小块进行更加深入的分析从而得到抽象程度更高的特征。

(2)池化层。池化层的神经网络不会改变三维矩阵的深度,但是它将缩小矩阵的大小。池化层操作将分辨率较高的图片转化为分辨率较低的图片。

(3)全连接层。经过多轮的卷积层和池化层处理后,卷积神经网络一般会接 1 到 2 层全连接层来给出最后的分类结果。

(4)Softmax 层。Softmax 层主要用于分类问题。

在卷积神经网络中会用到全连接层和 Softmax 层,在前面章节已有详细的介绍,这里不做赘述。在下面的 5.2.1 节和 5.2.2 节中将详细介绍卷积神经网络中两个特殊的网络结构——卷积层和池化层,以及具体参数的计算。

5.2.1 卷积层

图 5-10 显示了卷积层神经网络结构中最重要的部分,可称之为卷积核(kernel)或者滤波器(filter)。在 PyTorch 文档中将这个结构称为卷积核(kernel),因此在本书中将统称这个结构为卷积核。如图 5-10 所示,卷积核将当前层神经网络上的一个子节点矩阵转化为下一层神经网络上的一个节点矩阵[1]。

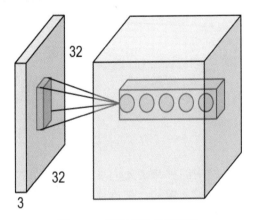

图 5-10 卷积核结构示意图

---

[1] http://cs231n.github.io/convolutional-networks/

在卷积层中，卷积核所处理的节点矩阵的长、宽都是人工指定的，这个节点矩阵的尺寸称为卷积核的尺寸。卷积核处理的深度和当前层的神经网络节点矩阵的深度是一致的，即便节点矩阵是三维的，卷积核的尺寸只需指定两个维度。一般而言，卷积核的尺寸是3×3和5×5。在图5-10中，左边表示输入的数据，输入数据的尺寸为3×32×32（**注意：在 PyTorch 中，数据输入形式表示 3×32×32**），中间表示卷积核，右边每一个小圆点表示一个神经元，图中有 5 个神经元。假设卷积核尺寸为 5×5，卷积层中每个神经元会有输入数据中 3×5×5 区域的权重，一共 75 个权重。这里再次强调下卷积核的深度必须为 3，和输入数据保持一致。

在卷积层，还需要说明神经元的数量，以及它们的排列方式、滑动步长和边界填充。

（1）卷积核的数量就是卷积层的输出深度，形如图 5-10 所示的 5 个神经元，该参数是用户指定的，和使用的滤波器数量一致。

（2）卷积核进行运算时必须指定滑动步长。比如步长为 1，说明卷积核每次移动 1 个像素点；步长为 2，卷积核会滑动 2 个像素点。滑动的操作使得输出的数据变得更少。

（3）边界填充如果为 0，可以保证输入和输出在空间上尺寸一致；如果边界填充大于 0，可以确保在进行卷积操作时不损失边界信息。

那么，输出的尺寸最终如何计算呢？在 PyTorch 中，可以用一个公式来计算，就是 floor((W-F+2P)/S+1)。其中，floor 表示下取整操作，W 表示输入数据的大小，F 表示卷积层中卷积核的尺寸，S 表示步长，P 表示边界填充 0 的数量。比如输入是 5×5、卷积核是 3×3、步长是 1、填充的数量是 0，那么根据公式就能得到（5-3+2×0）/1+1=3，输出的空间大小为 3×3;如果步长为 2，那么（5-3+2×0）/2+1=2，输出的空间大小为 2×2。

在图 5-11 中，以一维空间来说明卷积操作，右上角表示神经网络的权重，其中输入数据的大小为 5，卷积核的大小为 3；左边表示滑动步长为 1，且填充也为 1；右边表示滑动步长为 2，填充为 1。

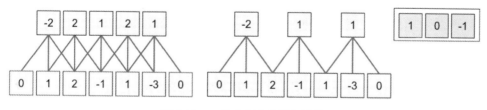

图 5-11 一维空间上的卷积操作

在 PyTorch 中，类 nn.Conv2d()是卷积核模块。卷积核及其调用例子如下：

```
nn.Conv2d(in_channels,out_channels,kernel_size,stride=1,padding=0,
dilation=1,groups=1,bias=True)
```

```
#方形卷积核和等长的步长
m = nn.Conv2d(16,33,3,stride=2)
#非方形卷积核，非等长的步长和边界填充
m = nn.Conv2d(16,33,(3,5), stride=(2,1), padding=(4,2))
#非方形卷积核，非等长的步长、边界填充和空间间隔
m = nn.Conv2d(16,33,(3,5), stride=(2,1),padding=(4,2),dilation=(3,1))
nput = autograd.Variable(torch.randn(20,16,50,100))
output=m(input)
```

在 nn.Conv2d 中，in_channels 表示输入数据体的深度，out_channels 表示输出数据体的深度，kernel_size 表示卷积核的大小，stride 表示滑动的步长，padding 表示边界 0 填充的个数，dilation 表示输入数据体的空间间隔，groups 表示输入数据体和输出数据体在深度上的关联，bias 表示偏置。

5.2.2 池化层

通常会在卷积层后面插入池化层，其作用是逐渐降低网络的空间尺寸，达到减少网络中参数的数量，减少计算资源使用的目的，同时也能有效控制过拟合。

池化层一般有两种方式：Max Pooling 和 Mean Pooling。下面以 Max Pooling 来说明池化层的具体内容。池化层操作不改变模型的深度，对输入数据在深度上的切片作为输入，不断地滑动窗口，取这些窗口的最大值作为输出结果，减少它的空间尺寸。池化层的效果如图 5-12 所示。

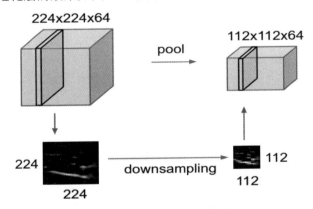

图 5-12 池化层的处理效果

图 5-13 说明池化层的具体计算，以窗口大小是 2、滑动步长是 2 为例：每次都从 2×2 的窗口中选择最大的数值，同时每次滑动 2 个步长进入新的窗口。

池化层为什么有效？图片特征具有局部不变性，也就是说，即便通过下采样也不会丢失图片拥有的特征。由于这种特性，可以将图片缩小再进行卷积处理，大大降低卷积计算的时间。最常用的池化层尺寸是 2×2、滑动步长为 2，对图像进行下采样，将其中 75%的信息丢弃，选择其中最大的保留下来，这样也能达到去

除一些噪声信息的目的。

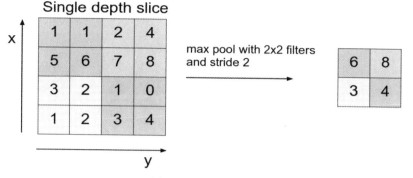

图 5-13 池化层计算

在 PyTorch 中，池化层包括 nn.MaxPool2d 和 nn.AvgPoo2d 等。下面介绍一下 nn.MaxPool2d 及其调用例子。

```
nn.MaxPool2d(kernel_size,stride=None,padding=0,dilation=1,
return_indices=False,ceil_mode=False)
#一般地，用法可如下
# pool of square window of size=3, stride=2
m = nn.MaxPool2d(3, stride=2)
# pool of non-square window
m = nn.MaxPool2d((3, 2), stride=(2, 1))
input = autograd.Variable(torch.randn(20, 16, 50, 32))
output=m(input)
```

在 nn.MaxPool2d 中，kernel_size、stride、padding、dilation 参数在 nn.Conv2d 中已经解释过，return_indices 表示是否返回最大值所处的下标，ceil_model 表示使用方格代替层结构。

5.2.3 经典卷积神经网络

介绍完卷积神经网络里的卷积层和池化层，下面讲述三种经典的卷积神经网络：LeNet、AlexNet、VGGNet。这三种卷积神经网络的结构不算特别复杂，有兴趣的也可以了解一下 GoogleNet 和 ResNet。

1. LeNet

LeNet 具体指的是 LeNet-5。LeNet-5 模型是 Yann LeCun 教授于 1998 年在论文 Gradient-based learning applied to document recognition[1]中提出的，它是第一个成功应用于数字识别问题的卷积神经网络。在 MNIST 数据集上，LeNet-5 模型可以达到大约 99.2%的正确率。LeNet-5 模型总共有 7 层，包括 2 个卷积层、2 个池化

---

[1] Lecun Y, Bottou L, Bengio Y，et al. Gradient-based learning applied to document recognition[J]. Proceedings of the IEEE，1998.

层、2 个全连接层和 1 个输出层。图 5-14 展示了 LeNet-5 模型的架构。

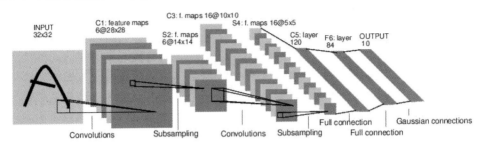

图 5-14　LeNet-5 模型结构图

论文提出的 LeNet-5 模型中，卷积层和池化层的实现与 PyTorch 的实现有细微的区别，这里不过多地讨论具体细节。

```
class LeNet(nn.Module):
    def __init__(self):
        super(LeNet, self).__init__()
        self.conv1 = nn.Conv2d(3, 6, 5)
        self.conv2 = nn.Conv2d(6, 16, 5)
        self.fc1   = nn.Linear(16*5*5, 120)
        self.fc2   = nn.Linear(120, 84)
        self.fc3   = nn.Linear(84, 10)
    def forward(self, x):
        out = F.relu(self.conv1(x))
        out = F.max_pool2d(out, 2)
        out = F.relu(self.conv2(out))
        out = F.max_pool2d(out, 2)
        out = out.view(out.size(0), -1)
        out = F.relu(self.fc1(out))
        out = F.relu(self.fc2(out))
        out = self.fc3(out)
        return out
```

2. AlexNet

2012 年，Hilton 的学生 Alex Krizhevsky 提出了卷积神经网络模型 AlexNet[1]。AlexNet 在卷积神经网络上成功地应用了 Relu、Dropout 和 LRN 等技巧。在 ImageNet 竞赛上，AlexNet 以领先第二名 10%的准确率而夺得冠军，成功地展示了深度学习的威力。它的网络结构如图 5-15 所示。

---

[1] Alex Krizhevsky，Ilya Sutskerver，Geoffery E.Hilton，ImageNet Classification with Deep Convolutional Neural Networks[J]. NIPS，2012.

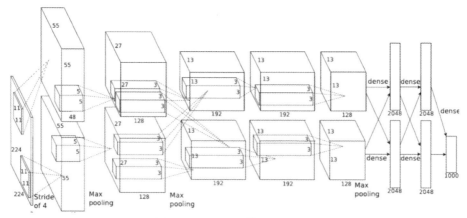

图 5-15　AlexNet 模型结构图

图 5-15 看起来有点复杂，这是由于当时 GPU 计算能力不强，AlexNet 使用了两个 GPU 并行计算，现在可以用一个 GPU 替换。以单个 GPU 的 AlexNet 模型为例，包括 5 个卷积层、3 个池化层、3 个全连接层。其中卷积层和全连接层包含有 ReLU 层，在全连接层中还有 Dropout 层。具体参数的配置可以参看图 5-16。

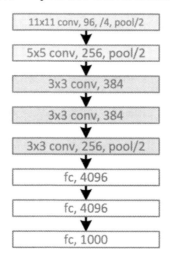

图 5-16　AlexNet 网络结构精简版

具体参数的配置可以参看具体的 PyTorch 源代码。

下面给出 PyTorch 实现 AlexNet 模型的卷积神经网络程序。

```
class AlexNet(nn.Module):
    def __init__(self, num_classes):
        super(AlexNet, self).__init__()
        self.features = nn.Sequential(
            nn.Conv2d(3, 96, kernel_size=11, stride=4, padding=2),
            nn.ReLU(inplace=True),
            nn.MaxPool2d(kernel_size=3, stride=2),
```

```
            nn.Conv2d(64, 256, kernel_size=5, padding=2),
            nn.ReLU(inplace=True),
            nn.MaxPool2d(kernel_size=3, stride=2),
            nn.Conv2d(192, 384, kernel_size=3, padding=1),
            nn.ReLU(inplace=True),
            nn.Conv2d(384, 256, kernel_size=3, padding=1),
            nn.ReLU(inplace=True),
            nn.Conv2d(256, 256, kernel_size=3, padding=1),
            nn.ReLU(inplace=True),
            nn.MaxPool2d(kernel_size=3, stride=2),
        )
        self.classifier = nn.Sequential(
            nn.Dropout(),
            nn.Linear(256 * 6 * 6, 4096),
            nn.ReLU(inplace=True),
            nn.Dropout(),
            nn.Linear(4096, 4096),
            nn.ReLU(inplace=True),
            nn.Linear(4096, num_classes),
        )
    def forward(self, x):
        x = self.features(x)
        x = x.view(x.size(0), 256 * 6 * 6)
        x = self.classifier(x)
        return x
```

3. VGGNet

VGGNet 是牛津大学计算机视觉组和 Google DeepMind 公司的研究人员一起研发的卷积神经网络[1]。通过堆叠 3×3 的小型卷积核和 2×2 的最大池化层，VGGNet 成功地构筑了深达 19 层的卷积神经网络。VGGNet 取得了 2014 年 ImageNET 比赛的第二名，由于拓展性强、迁移到其他图片数据上的泛化性比较好，因此可用作迁移学习。表 5-1 显示了 VGGNet 各级别的网络结构图。虽然从 A 到 E 每一级网络逐渐变深，但是网络的参数量并没有增长很多，因为参数量主要都消耗在最后 3 个全连接层。前面的卷积层参数很深，参数量并不是很多，但是在训练时计算量大，比较耗时。D 和 E 模型就是 VGGNet-16 和 VGGNet-19。

---

[1] Simonyan K，Zisserman A. Very Deep Convolutional Networks for Large-scale Image Recognition[J]. Computer Science，2014.

表 5-1 VGGNet 模型各级别网络结构图

ConvNet Configuration					
A	A-LRN	B	C	D	E
11 weight layers	11 weight layers	13 weight layers	16 weight layers	16 weight layers	19 weight layers
input (224 × 224 RGB image)					
conv3-64	conv3-64 **LRN**	conv3-64 **conv3-64**	conv3-64 conv3-64	conv3-64 conv3-64	conv3-64 conv3-64
maxpool					
conv3-128	conv3-128	conv3-128 **conv3-128**	conv3-128 conv3-128	conv3-128 conv3-128	conv3-128 conv3-128
maxpool					
conv3-256 conv3-256	conv3-256 conv3-256	conv3-256 conv3-256	conv3-256 conv3-256 **conv1-256**	conv3-256 conv3-256 **conv3-256**	conv3-256 conv3-256 conv3-256 **conv3-256**
maxpool					
conv3-512 conv3-512	conv3-512 conv3-512	conv3-512 conv3-512	conv3-512 conv3-512 **conv1-512**	conv3-512 conv3-512 **conv3-512**	conv3-512 conv3-512 conv3-512 **conv3-512**
maxpool					
conv3-512 conv3-512	conv3-512 conv3-512	conv3-512 conv3-512	conv3-512 conv3-512 **conv1-512**	conv3-512 conv3-512 **conv3-512**	conv3-512 conv3-512 conv3-512 **conv3-512**
maxpool					
FC-4096					
FC-4096					
FC-1000					
soft-max					

下面给出 PyTorch 实现 VGGNet 模型的卷积神经网络程序。

```
cfg = {
   'VGG11': [64, 'M', 128, 'M', 256, 256, 'M', 512, 512, 'M', 512, 512, 'M'],
   'VGG13': [64, 64, 'M', 128, 128, 'M', 256, 256, 'M', 512, 512, 'M', 512, 512,
       'M'],
   'VGG16': [64, 64, 'M', 128, 128, 'M', 256, 256, 256, 'M', 512, 512, 512, 'M',
       512, 512, 512, 'M'],
   'VGG19': [64, 64, 'M', 128, 128, 'M', 256, 256, 256, 256, 'M', 512, 512, 512,
       512, 'M', 512, 512, 512, 512, 'M'],
}
class VGG(nn.Module):
   def __init__(self, vgg_name):
       super(VGG, self).__init__()
       self.features = self._make_layers(cfg[vgg_name])
       self.classifier = nn.Linear(512, 10)
   def forward(self, x):
       out = self.features(x)
       out = out.view(out.size(0), -1)
       out = self.classifier(out)
```

```
        return out
    def _make_layers(self, cfg):
        layers = []
        in_channels = 3
        for x in cfg:
            if x == 'M':
                layers += [nn.MaxPool2d(kernel_size=2, stride=2)]
            else:
                layers += [nn.Conv2d(in_channels, x, kernel_size=3, padding=1),
                    nn.BatchNorm2d(x),
                    nn.ReLU(inplace=True)]
                in_channels = x
        layers += [nn.AvgPool2d(kernel_size=1, stride=1)]
        return nn.Sequential(*layers)
```

5.3 MNIST 数据集上卷积神经网络的实现

本节讲解如何使用 PyTorch 实现一个简单的卷积神经网络，使用的数据集是 MNIST，预期可以达到 97.05%左右的准确率。该神经网络由 2 个卷积层和 3 个全连接层构建。读者通过这个例子可以掌握设计卷积神经网络的特征以及参数的配置。

1. 配置库和配置参数

```
#配置库
import torch
from torch import nn, optim
import torch.nn.functional as F
from torch.autograd import Variable
from torch.utils.data import DataLoader
from torchvision import transforms
from torchvision import datasets

# 配置参数
torch.manual_seed(1) #设置随机数种子，确保结果可重复
batch_size = 128   #批处理大小
learning_rate = 1e-2  #学习率
num_epoches = 10      #训练次数
```

2. 加载 MINST 数据

```
# 下载训练集 MNIST 手写数字训练集
train_dataset = datasets.MNIST(
    root='./data',  #数据保持的位置
    train=True, # 训练集
    transform=transforms.ToTensor(),# 一个取值范围是[0,255]的 PIL.Image
    # 转化为取值范围是[0,1.0]的 torch.FloadTensor
```

```
        download=True) #下载数据

    test_dataset = datasets.MNIST(
        root='./data',
        train=False, # 测试集
    transform=transforms.ToTensor())
    #数据的批处理,尺寸大小为batch_size
    #在训练集中,shuffle 必须设置为 True,表示次序是随机的
    train_loader = DataLoader(train_dataset , batch_size=batch_size ,
shuffle=True)
    test_loader = DataLoader(test_dataset , batch_size=batch_size ,
shuffle=False)
```

3. 创建 CNN 模型

我们用一个类来建立 CNN 模型。这个 CNN 模型由 1 个输入层、2 个卷积层、2 个全连接层和 1 个输出层组成。其中,卷积层构成为卷积(Conv2d)→激励函数(ReLU)→池化(MaxPooling),全连接层由线性层(Linear)构成。

```
# 定义卷积神经网络模型
class Cnn(nn.Module):
    def __init__(self, in_dim, n_class): #28x28x1
        super(Cnn, self).__init__()
        self.conv = nn.Sequential(
            nn.Conv2d(in_dim, 6, 3, stride=1, padding=1), #28 x28
            nn.ReLU(True),
            nn.MaxPool2d(2, 2), # 14 x 14
            nn.Conv2d(6, 16, 5, stride=1, padding=0), # 10 * 10*16
            nn.ReLU(True), nn.MaxPool2d(2, 2)) # 5x5x16

        self.fc = nn.Sequential(
            nn.Linear(400, 120), # 400 = 5 * 5 * 16
            nn.Linear(120, 84),
            nn.Linear(84, n_class))

    def forward(self, x):
        out = self.conv(x)
        out = out.view(out.size(0), 400) # 400 = 5 * 5 * 16,
        out = self.fc(out)
        return out

model = Cnn(1, 10) # 图片大小是 28×28,10 是数据的种类
```

打印模型,呈现网络结构:

```
print(model)
```

4. 模型训练

下面我们开始训练，将 img、label 都用 Variable 包起来，然后放入 model 中计算 out，最后计算 Loss 和正确率。

```
# 定义 loss 和 optimizer
criterion = nn.CrossEntropyLoss()
optimizer = optim.SGD(model.parameters(), lr=learning_rate)

# 开始训练
for epoch in range(num_epoches):
    running_loss = 0.0
    running_acc = 0.0
    for i, data in enumerate(train_loader, 1):  #批处理
        img, label = data
        img = Variable(img)
        label = Variable(label)
        # 前向传播
        out = model(img)
        loss = criterion(out, label) # loss
        running_loss += loss.data[0] * label.size(0)
         # total loss，由于 loss 是 batch 取均值的，需要把 batch size 乘回去
        _, pred = torch.max(out, 1) # 预测结果
        num_correct = (pred == label).sum() #正确结果的数量
        #accuracy = (pred == label).float().mean() #正确率
        running_acc += num_correct.data[0] # 正确结果的总数
        # 后向传播
        optimizer.zero_grad() #梯度清零，以免影响其他 batch
        loss.backward() # 后向传播，计算梯度
        optimizer.step() #利用梯度更新 W、b 参数

#打印一个循环后，训练集合上的 loss 和正确率
print('Train {} epoch, Loss: {:.6f}, Acc: {:.6f}'.format(epoch + 1,
    running_loss / (len(train_dataset)), running_acc / (len(
    train_dataset))))
```

5. 在测试集测试识别率

```
#模型测试
model.eval()  #由于训练和测试 BatchNorm, Dropout 配置不同，需要说明是否模型测试
eval_loss = 0
eval_acc = 0
for data in test_loader:   #test set 批处理
    img, label = data

    img = Variable(img, volatile=True)
    # volatile 确定你是否不调用.backward(),
    # 测试中不需要 label = Variable(label, volatile=True)
    out = model(img)   # 前向算法
```

```
        loss = criterion(out, label)        # 计算loss
        eval_loss += loss.data[0] * label.size(0)  # total loss
        _, pred = torch.max(out, 1)          # 预测结果
        num_correct = (pred == label).sum()  # 正确结果
        eval_acc += num_correct.data[0] #正确结果总数

print('Test Loss: {:.6f}, Acc: {:.6f}'.format(eval_loss / (len(
        test_dataset)), eval_acc * 1.0 / (len(test_dataset))))
```

最后的训练和测试上 Loss 和识别率如下：

```
Train 1 epoch，Loss: 2.226007，Acc: 0.320517
Train 2 epoch，Loss: 0.736581，Acc: 0.803717
Train 3 epoch，Loss: 0.329458，Acc: 0.901117
Train 4 epoch，Loss: 0.252310，Acc: 0.923550
Train 5 epoch，Loss: 0.201800，Acc: 0.939000
Train 6 epoch，Loss: 0.167249，Acc: 0.949550
Train 7 epoch，Loss: 0.145517，Acc: 0.955617
Train 8 epoch，Loss: 0.128391，Acc: 0.960817
Train 9 epoch，Loss: 0.117047，Acc: 0.964567
Train 10 epoch，Loss: 0.108246，Acc: 0.966550
Test Loss: 0.094209，Acc: 0.970500
```

第 6 章
◀ 嵌入与表征学习 ▶

前一章论述了深度神经网络和卷积神经网络,这些神经网络有个特点:输入的向量越大,训练得到的模型越大。但是,拥有大量参数模型的代价是昂贵的,它需要大量的数据进行训练,否则由于缺少足够的大量训练数据,就可能出现过拟合的问题。尽管卷积神经网络能够在不损失模型的性能的情况下减少模型的大小,卷积神经网络仍然需要大量带有标签的数据进行训练。通常情况下,会带大量未标注的数据和少量不带标签的数据。半监督学习通过进一步学习未标签数据来解决这个问题,具体思路是从未标签数据上学习数据的表征,用这些表征来解决监督学习问题。本章阐述这个算法——非监督学习方法中的嵌入方法,又称为低维度表征。非监督学习不用自动特征选取,只用少量数据学习一个相对较小的嵌入模型来解决学习问题,如图 6-1 所示。

图 6-1 嵌入学习示意图

为了更好地理解嵌入学习,需要探索其他的低维度表征算法,比如可视化和 PCA。如果考虑到所有的重要信息都包含在原始的输入时,嵌入学习就等同于一个有效的压缩算法。在下一节中,首先学习经典的减少维度的算法——PCA,接下来介绍基于强大神经网络的嵌入学习算法。

6.1 PCA

PCA 即主成分分析，是分析、简化数据的常用技术。PCA 能够减少数据的维度，同时保持数据集中的对方差贡献较大的特征。这种方法是通过保留低阶主成分、忽略高阶主成分做到的。

6.1.1 PCA 原理

PCA 的基本原理是从大量数据中找到少量的主成分变量，在数据维度降低的情况下尽可能地保存原始数据的信息。比如，假设一个 d 维的数据，找到一个新的 m 维数据，其中 $m<d$，这个新的数据尽量保留原始数据有用的信息。简化起见，设 $d=2$，$m=1$。PCA 原理如图 6-2 所示，对于二维的数据，粗箭头方向就是第一轴方向，也是主成分方向，细箭头方向为第二轴， 细箭头方向和粗箭头方向正交，数据点在第一轴方向离散程度最大（方差最大），意味着数据点在第一轴的投影代表了原始数据的绝大部分信息。首先把第一坐标轴移向横坐标轴，如中间图所示，接着把所有数据点沿着第二轴往第一轴投影，得到第三图的数据分布。这样 PCA 就实现了数据降维，由二维降为一维。如果是多维的数据，可以通过迭代过程来执行这个 PCA 转换。首先沿着这个数据集有最大方差的方向计算一个单位矢量。由于这个方向包含了大部分的信息，选择这个方向作为第一个轴。然后，从与这个第一轴正交的矢量集合中，选取一个新的单位矢量，该数据具有最大的方差。 这是第二轴。继续这个过程，直到找到代表新轴的 d 个新向量。 将数据投影到这组新的坐标轴上。确定好 m 个向量，抛弃 m 个向量外的其他向量，这样主成分向量就保留最多的重要信息。

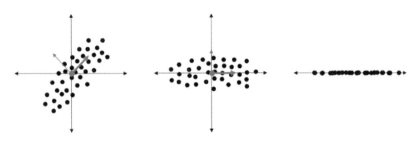

图 6-2 PCA 原理示意图

从数学上看， PCA 可以看作是输入数据 X 在向量空间 W 的投影，向量空间 W 是输入数据的协方差矩阵的前 m 个特征向量扩展得到。假设输入数据是一个维度为 $n\times d$ 的矩阵 X，需要创建一个尺寸为 $n\times m$ 的矩阵 T（PCA 变换），可以使用

公式 $T=XW$ 得到，其中 W 的每列对应矩阵 XX^T 的特征向量。

PCA 用于数据降维已经很多年了，但是对于分段线性问题和非线性问题是不起作用的。在图 6-3 中，原始数据是两个同心圆，如果做 PCA 变换操作，变换后结果还是两个同心圆。作为人来说，可以直观地看到两个圆进行区分，只要做极坐标变换，两个同心圆就变成两个竖向量，这样数据就变成线性可分了。

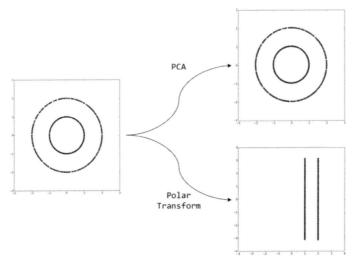

图 6-3　PCA 的局限

图 6-3 清晰地表示了 PCA 算法在处理复杂数据时的局限。通常的数据集合（比如图片、文本）都是非线性的，因此有必要找到新的方法来处理非线性的数据降维。采用深度神经网络模型就是一个不错的思路。

6.1.2　PCA 的 PyTorch 实现

前面描述的 PCA 算法使用了协方差矩阵，下面代码中的 PCA 计算过程使用 SVD。基于 PyTorch 的 PCA 方法如下：

```
from sklearn import datasets
import torch
import numpy as np
import matplotlib.pyplot as plt

def PCA(data, k=2):
    # preprocess the data
    X = torch.from_numpy(data)
    X_mean = torch.mean(X,0)
    X = X - X_mean.expand_as(X)

    # svd
    U,S,V = torch.svd(torch.t(X))
```

```
        return torch.mm(X,U[:,:k])
    iris = datasets.load_iris()
    X = iris.data
    y = iris.target
    X_PCA = PCA(X)
    pca = X_PCA.numpy()

    plt.figure()
    color=['red','green','blue']
    for i, target_name in enumerate(iris.target_names):
        plt.scatter(pca[y == i, 0], pca[y == i, 1], label=target_name , color=color[i])
    plt.legend()
    plt.title('PCA of IRIS dataset')
    plt.show()
```

PCA 分类图如图 6-4 所示。

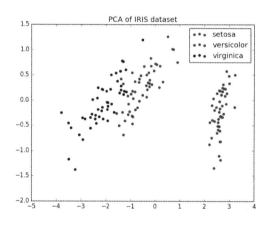

图 6-4　PCA 分类示意图

从中可以看到，对比原始数据和进行 PCA 的数据，PCA 对数据有聚类作用，有利于数据分类。

6.2　自编码器

1986 年 Rumelhart 提出了自编码器的概念，并将其用于高维复杂数据的降维。自编码器是一种无监督学习算法，使用反向传播，训练目标是让目标值等于输入值。需要指出，这时的自编码器模型网络的层较浅，只有一个输入层、一个隐含层、一个输出层。Hinton 和 Salakhutdinov 于 2006 年在《Reducing the dimensionality of data with neural networks》一文中提出了深度自编码器。其显著特点是，模型网络的层较深，提高了学习能力。一般地，没有特殊说明，常见的自编码器都是深度自编码器，因此在本书中自编码器实际上是深度自编码器。

6.2.1 自编码器原理

在前向神经网络中，每一个神经网络层都能够学习更深刻的表征输入。在卷积神经网络中，最后一个卷积层能用作输入图片的低维度表征。但在非监督学习中，就不能用这种前向神经网络来做低维度表征。这些神经网络层的确包含输入数据的信息，但是这些信息是当前神经网络训练得到的，也只对当前的任务或目标函数有效。这样可能会导致一个结果，即一些对当前任务不那么重要的信息丢掉了，但是这些信息对其他分类任务至关重要。

在非监督学习中，提出了新的神经网络。这种新的神经网络叫作自编码器。自编码器的结构框图如图 6-5 所示。输入数据经过编码压缩得到低维度向量，这个部分称为编码器，因为它产生了低维度嵌入或者编码。网络的第二部分不同于在前向神经网络中把嵌入映射为输出标签，而是把编码器逆化，重建原始输入，这个部分称为解码器。

图 6-5　自编码器框架示意图

自编码器是一种类似 PCA 的神经网络，它是无监督学习方法，目标输出就是其输入。尽管自编码器和 PCA 都能对数据进行压缩，但是自编码器比 PCA 灵活和强大得多。在编码过程中，自编码器能够表征线性变换，也能表征非线性变换；而 PCA 只能表征线性变换。自编码器能够用于数据的压缩和恢复，还可以用于数据的去噪。

6.2.2　PyTorch 实例：自编码器实现

为了展示自编码器的性能，在这一节中，用 PyTorch 实现一个自编码器，并用自编码器进行 MNIST 图片分类，相对于 PCA 而言，自编码器性能更加优越。为了对比分析，分别用 PyTorch 实现自编码器来进行 MNIST 图片分类，自编码器的嵌入维度是 2 维。自编码器的框图如图 6-6 所示。

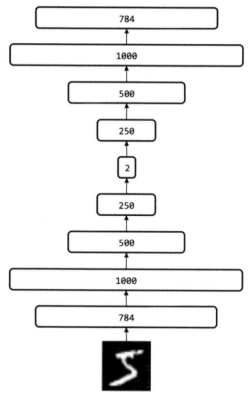

图 6-6　自编码器具体结构框图

基于 PyTorch 的自编码器方法如下。

1. 加载库和配置参数

```
import os
import pdb
import torch
import torchvision
from torch import nn
from torch.autograd import Variable
from torch.utils.data import DataLoader
from torchvision import transforms
from torchvision.datasets import MNIST
from torchvision.utils import save_image
from torchvision import datasets
import matplotlib.pyplot as plt

# 配置参数
torch.manual_seed(1) #设置随机数种子，确保结果可重复
batch_size = 128   #批处理大小
learning_rate = 1e-2  #学习率
num_epochs = 10        #训练次数
```

2. 下载数据和预处理

```
#下载训练集 MNIST 手写数字训练集
train_dataset = datasets.MNIST(
    root='./data',  #数据保持的位置
    train=True, # 训练集
    transform=transforms.ToTensor(),# 一个取值范围是[0,255]的 PIL.Image
                # 转化为取值范围是[0,1.0]的 torch.FloadTensor
    download=True) #下载数据

test_dataset = datasets.MNIST(
    root='./data',
    train=False, # 测试集
    transform=transforms.ToTensor())
#数据的批处理，尺寸大小为 batch_size
#在训练集中, shuffle 必须设置为 True, 表示次序是随机的
train_loader = DataLoader(train_dataset , batch_size=batch_size , shuffle=True)
test_loader = DataLoader(test_dataset, batch_size=10000, shuffle=False)
```

3. 自编码器模型

```
class autoencoder(nn.Module):
    def __init__(self):
        super(autoencoder, self).__init__()
        self.encoder = nn.Sequential(
            nn.Linear(28 * 28, 1000),
            nn.ReLU(True),
            nn.Linear(1000, 500),
            nn.ReLU(True),
            nn.Linear(500, 250),
            nn.ReLU(True),
            nn.Linear(250, 2)
            )
        self.decoder = nn.Sequential(
            nn.Linear(2, 250),
            nn.ReLU(True),
            nn.Linear(250, 500),
            nn.ReLU(True),
            nn.Linear(500, 1000),
            nn.ReLU(True),
            nn.Linear(1000, 28 * 28),
            nn.Tanh())

    def forward(self, x):
        x = self.encoder(x)
        x = self.decoder(x)
        return x

model = autoencoder().cuda()
```

```
#model = autoencoder()
criterion = nn.MSELoss()
optimizer = torch.optim.Adam(
    model.parameters(), lr=learning_rate, weight_decay=1e-5)
```

4. 模型训练

```
for epoch in range(num_epochs):
    for data in train_loader:
        img, _ = data
        img = img.view(img.size(0), -1)
        img = Variable(img).cuda()
        #img = Variable(img)
        # ====================forward====================
        output = model(img)
        loss = criterion(output, img)
        # ====================backward===================
        optimizer.zero_grad()
        loss.backward()
        optimizer.step()
    # ====================log========================
 print('epoch [{}/{}], loss:{:.4f}'
.format(epoch + 1, num_epochs, loss.data[0]))
```

5. 测试模型

```
#模型测试，由于训练和测试BatchNorm, Dropout配置不同，需要说明是否进行模型测试
model.eval()
eval_loss = 0
for data in test_loader:  #test set 批处理
    img, label = data

    img = img.view(img.size(0), -1)
    img = Variable(img, volatile=True).cuda()
    # volatile 确定你是否不调用.backward()，测试中不需要
    label = Variable(label, volatile=True)
    out = model(img)   # 前向算法
    y = (label.data).numpy()
    plt.scatter(out[:, 0], out[:, 1], c = y)
    plt.colorbar()
    plt.title('audocoder of MNIST test dataset')
    plt.show()
```

在代码中，编码和解码模块的系数如图 6-6 所示。在文件中，生成多次迭代次数后的图片，解码后的图片像素精度越来越高，逐渐和原图比较类似。

在本节讨论了自编码器进行图片的压缩和恢复。已经探索了如何使用自动解码通过发现数据点的强表征来总结数据点的内容。这种降维机制在数据点比较丰富且包含相关信息时运作良好。下面将讨论使用自编码器进行图像去噪的实例。

6.2.3 PyTorch 实例：基于自编码器的图形去噪

本节将探讨一种图像去噪的算法——去噪自编码器。人的视觉机制能够自动忍受图像的噪声来识别图片。自编码器的目标是要学习一个近似的恒等函数，使得输出近似等于输入。去噪自编码器采用随机的部分带噪输入来解决恒等函数问题，自编码器能够获得输入的良好表征，该表征使得自编码器能进行去噪或恢复。

基于 Autoendecoder 的图片去噪步骤如下。

1. 加载库和配置参数

```
#去噪自编码器
import torch
import torch.nn as nn
import torch.utils as utils
from torch.autograd import Variable
import torchvision.datasets as dset
import torchvision.transforms as transforms
import numpy as np
import matplotlib.pyplot as plt
# 配置参数
torch.manual_seed(1) #设置随机数种子，确保结果可重复
n_epoch = 200 #训练次数
batch_size = 100 #批处理大小
learning_rate = 0.0002 #学习率
```

2. 下载图片库训练集

```
#下载训练集MNIST 手写数字训练集
mnist_train = dset.MNIST("./", train=True, transform=transforms.ToTensor(), target_transform=None, download=True)
train_loader = torch.utils.data.DataLoader(dataset=mnist_train, batch_size=batch_size,shuffle=True)
```

3. Encoder 和 Decoder 模型设置

```
# Encoder 模型设置
class Encoder(nn.Module):
def __init__(self):
    super(Encoder,self).__init__()
    self.layer1 = nn.Sequential(
                nn.Conv2d(1,32,3,padding=1),  # batch x 32 x 28 x 28
                nn.ReLU(),
                nn.BatchNorm2d(32),
                nn.Conv2d(32,32,3,padding=1),  # batch x 32 x 28 x 28
                nn.ReLU(),
                nn.BatchNorm2d(32),
                nn.Conv2d(32,64,3,padding=1),  # batch x 64 x 28 x 28
                nn.ReLU(),
                nn.BatchNorm2d(64),
```

```python
                nn.Conv2d(64,64,3,padding=1),   # batch x 64 x 28 x 28
                nn.ReLU(),
                nn.BatchNorm2d(64),
                nn.MaxPool2d(2,2)     # batch x 64 x 14 x 14
        )
        self.layer2 = nn.Sequential(
                nn.Conv2d(64,128,3,padding=1),  # batch x 128 x 14 x 14
                nn.ReLU(),
                nn.BatchNorm2d(128),
                nn.Conv2d(128,128,3,padding=1), # batch x 128 x 14 x 14
                nn.ReLU(),
                nn.BatchNorm2d(128),
                nn.MaxPool2d(2,2),
                nn.Conv2d(128,256,3,padding=1), # batch x 256 x 7 x 7
                nn.ReLU()
        )

def forward(self,x):
        out = self.layer1(x)
        out = self.layer2(out)
        out = out.view(batch_size, -1)
return out

encoder = Encoder().cuda()
# decoder 模型设置

class Decoder(nn.Module):
def __init__(self):
        super(Decoder,self).__init__()
        self.layer1 = nn.Sequential(
                nn.ConvTranspose2d(256,128,3,2,1,1), # batch x 128 x 14 x 14
                nn.ReLU(),
                nn.BatchNorm2d(128),
                nn.ConvTranspose2d(128,128,3,1,1), # batch x 128 x 14 x 14
                nn.ReLU(),
                nn.BatchNorm2d(128),
                nn.ConvTranspose2d(128,64,3,1,1), # batch x 64 x 14 x 14
                nn.ReLU(),
                nn.BatchNorm2d(64),
                nn.ConvTranspose2d(64,64,3,1,1), # batch x 64 x 14 x 14
                nn.ReLU(),
                nn.BatchNorm2d(64)
        )
        self.layer2 = nn.Sequential(
                nn.ConvTranspose2d(64,32,3,1,1), # batch x 32 x 14 x 14
                nn.ReLU(),
                nn.BatchNorm2d(32),
                nn.ConvTranspose2d(32,32,3,1,1), # batch x 32 x 14 x 14
                nn.ReLU(),
                nn.BatchNorm2d(32),
                nn.ConvTranspose2d(32,1,3,2,1,1), # batch x 1 x 28 x 28
```

```
                    nn.ReLU()
        )
def forward(self,x):
        out = x.view(batch_size,256,7,7)
        out = self.layer1(out)
        out = self.layer2(out)
return out
decoder = Decoder().cuda()
```

4. Loss 函数和优化器

```
parameters = list(encoder.parameters())+ list(decoder.parameters())
loss_func = nn.MSELoss()
optimizer = torch.optim.Adam(parameters, lr=learning_rate)
```

5. 自编码器训练

注意添加图片、添加噪声的代码:

```
# 噪声
noise = torch.rand(batch_size,1,28,28)
for I in range(n_epoch):
    for image,label in train_loader:
        image_n = torch.mul(image+0.25, 0.1 * noise)
        image = Variable(image).cuda()
        image_n = Variable(image_n).cuda()
        optimizer.zero_grad()
        output = encoder(image_n)
        output = decoder(output)
        loss = loss_func(output,image)
        loss.backward()
        optimizer.step()
        break
    print('epoch [{}/{}], loss:{:..4f}'
          .format(I + 1, n_epoch, loss.data[0]))
```

6. 带噪图片和去噪图片对比

```
img = image[0].cpu()
input_img = image_n[0].cpu()
output_img = output[0].cpu()
origin = img.data.numpy()
inp = input_img.data.numpy()
out = output_img.data.numpy()
plt.figure('denoising autoencoder')
plt.subplot(131)
plt.imshow(origin[0],cmap='gray')
plt.subplot(132)
plt.imshow(inp[0],cmap='gray')
plt.subplot(133)
plt.imshow(out[0],cmap="gray")
```

```
plt.show()
print(label[0])
```

运行结果如图 6-7 所示。

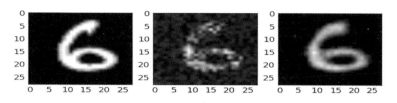

图 6-7　图像去噪示意图

6.3　词嵌入

6.3.1　词嵌入原理

人类语言的词汇量很大，语言表示的方法有很多种，词嵌入就是最近涌现出来的优秀方法。在维基百科中，词嵌入（Word Enbedding）的定义如下：词嵌入是自然语言处理（NLP）中语言模型与表征学习技术的统称。从概念上而言，它是指把一个维数为所有词的数量的高维空间嵌入到一个维数低得多的连续向量空间中，每个单词或词组被映射为实数域上的向量。词嵌入技术可追溯到 2000 年约书亚·本希奥在一系列论文中使用了神经概率语言模型使机器"习得词语的分布式表征（learning a distributed representation for words）"，从而达到将词语空间降维的目的。2013 年，谷歌一个托马斯·米科洛维领导的团队发明了一套工具 Word2vec 来进行词嵌入，向量空间模型的训练速度比以往的方法都快。此后，词嵌入技术在语言模型、文本分类等自然语言处理中流行起来。

目前使用词嵌入技术的流行训练软件有谷歌的 Word2vec、脸书的 fasttext 和斯坦福大学的 GloVe。词向量是目前词嵌入中运用最多的技术。词向量的使用方法大致有两种：一是直接用于神经网络模型的输入层，这个思路在语言模型、机器翻译、文本分类、文本情感分析等应用上广泛使用；二是作为辅助特征扩充现有模型，这个思路在命名实体识别和短语识别上进一步提供了效果。

要对语言进行处理，必须找到方法把词汇符号化。最简单、最直观的方法就是用 one-hot 向量来表示词。假设词典中不同词的数量为 N，每个词可以和从 0 到 $N-1$ 的连续整数一一对应。假设一个词的相应整数表示为 i，为了得到该词的 one-hot 向量表示，我们创建一个全 0 的长为 N 的向量，并将其第 i 位设成 1。

我们可以先举三个例子，比如：

The cat likes playing ball.

The kitty likes playing wool.
The dog likes playing ball.
The boy likes playing ball.

假如使用一个二维向量(a,b)来定义一个词，其中 a、b 分别代表这个词的一种属性，比如 a 代表是否喜欢玩飞盘，b 代表是否喜欢玩毛线，并且这个数值越大表示越喜欢，这样我们就可以区分这三个词了，为什么呢？

例如，对于 cat，词向量就是(-1,4)；对于 kitty，词向量就是(-2,5)；对于 dog，词向量就是(3,-2)；对于 boy，词向量就是(-2,-3)。我们怎么去定义它们之间的相似度呢？我们可以通过它们之间的夹角来定义它们的相似度，如图 6-8 所示。

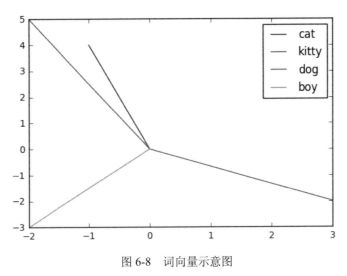

图 6-8　词向量示意图

图 6-8 显示出了不同的词之间的夹角，我们可以发现 kitty 和 cat 是非常相似的，而 dog 和 boy 是不相似的。

使用 one-hot 词向量并不是一个好选择。一个主要的原因是，one-hot 词向量无法表达不同词之间的相似度。例如，任何一对词的 one-hot 向量的余弦相似度都为 0。之前做分类问题的时候大家应该都还记得我们会使用 one-hot 编码，比如一共有 5 类，那么属于第二类的话，它的编码就是(0, 1, 0, 0, 0)。对于分类问题，这样当然特别简单，但是对于单词，这样做就不行了。比如有 1000 个不同的词，那么使用 one-hot 这样的方法效率就很低了，所以必须要使用另外一种方式去定义每一个单词，这就引出了 word embedding。2013 年，谷歌团队发表了 Word2vec 工具。Word2vec 工具主要包含两个模型，即跳字模型（skip-gram）和连续词袋模型（Continuous Bag Of Words，CBOW），以及两种高效训练的方法，即负采样（negative sampling）和层序 softmax（hierarchical softmax）。值得一提的是，Word2vec 词向量可以较好地表达不同词之间的相似和类比关系。Word2vec 自提出后被广泛应用在自然语言处理任务中。它的模型和训练方法也启发了很多后续的词向量模型。本节将重点介绍 Word2vec 的模型和训练方法。

1. 跳词模型

在跳字模型中，我们用一个词来预测它在文本序列周围的词。例如，给定文本序列"the""man""hit""his"和"son"，跳字模型所关心的是，给定"hit"，生成它邻近词"the""man""his"和"son"的概率。在这个例子中，"hit"叫中心词，"the""man""his"和"son"叫背景词。由于"hit"只生成与它距离不超过 2 的背景词，因此该时间窗口的大小为 2。

2. 连续词袋模型

连续词袋模型与跳字模型类似。与跳字模型最大的不同是，连续词袋模型中用一个中心词在文本序列周围的词来预测该中心词。例如，给定文本序列"the""man""hit""his"和"son"，连续词袋模型所关心的是，邻近词"the""man""his"和"son"一起生成中心词"hit"的概率。我们可以看到，无论是跳字模型还是连续词袋模型，每一步梯度计算的开销与词典 V 的大小相关。显然，当词典较大时，例如几十万到上百万，这种训练方法的计算开销会较大。因此，使用上述训练方法在实践中是有难度的。

跳词模型和连续词袋模型表示如图 6-9 所示。

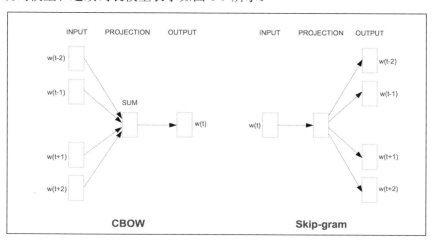

图 6-9　跳词模型和连续词袋模型示意图

我们将使用近似的方法来计算这些梯度，从而减小计算开销。常用的近似训练法包括负采样。

在 PyTorch 中，词嵌入使用函数 nn.embedding：

```
classtorch.nn.Embedding(num_embeddings,embedding_dim,padding_idx=None,max_norm=None,norm_type=2,scale_grad_by_freq=False,sparse=False)
```

embedding 使用的参数如下：

- num_embeddings：用于词嵌入的字典大小。
- embedding_dim：词嵌入的维度。
- padding_idx：可选项，如果选择，对该 index 上的结果填充 0。
- max_norm：可选项，如果选择，对词嵌入归一化时，设置归一化的最大值。
- norm_type：可选项，如果选择，对词嵌入归一化时，设置 p-norm 的 p 值。
- scale_grad_by_freq：可选项，如果选择，在 Mini-Batch 时，根据词频对梯度进行规整。
- sparse：可选项，如果选择，梯度 w.r.t 权值矩阵将是一个稀疏张量。

常用的只有两个参数：num_embeddings 和 embedding_dim。

词嵌入的简单使用例子如下：

```
import torch
import torch.nn as nn
import torch.autograd as autograd

word_to_ix = {"hello": 0, "PyTorch": 1}
embeds = nn.Embedding(2, 5)  # 2 words in vocab, 5 dimensional embeddings
lookup_tensor = torch.LongTensor([word_to_ix["PyTorch"]])
hello_embed = embeds(autograd.Variable(lookup_tensor))
```

首先需要 word_to_ix = {'hello':0,'PyTorch':1}，每个单用一个数字去表示，hello 就用 0 来表示它；接着就是 word embedding 的定义 nn.Embedding(2,5)，这里的 2 表示有 2 个词，5 表示 5 维度，其实也就是一个 2×5 的矩阵，所以如果有 1000 个词，每个词希望是 100 维，就可以这样建立一个 word embedding：nn.Embedding(1000,100)。注意，这里建立的词向量只是初始的词向量，并没有经过任何修改优化，我们需要建立神经网络，通过训练修改 word embedding 中的参数，使得 word embedding 每一个词向量能够表示每一个不同的词。

结果如下：

```
print(hello_embed)
Variable containing:
-1.1428  0.1462  1.4156  0.6829 -1.2118
[torch.FloatTensor of size 1x5]
```

这就是输出的 hello 这个词的 word embedding。

6.3.2 PyTorch 实例：基于词向量的语言模型实现

下面使用 PyTorch 实现一个基于词向量的语言模型，具体代码如下：

1. 加载库和设置参数

```
import torch
import torch.autograd as autograd
import torch.nn as nn
import torch.nn.functional as F
import torch.optim as optim
# 参数设置
torch.manual_seed(1)
CONTEXT_SIZE = 2
EMBEDDING_DIM = 10
N_EPHCNS = 10
```

CONTEXT_SIZE 表示想由前面的几个单词来预测这个单词，这里设置为 2，就是说希望通过这个单词的前两个单词来预测这一个单词。EMBEDDING_DIM 表示 word embedding 的维数。

2. 数据准备

```
# 语料
test_sentence = """Word embeddings are dense vectors of real numbers,
one per word in your vocabulary. In NLP, it is almost always the case
that your features are words! But how should you represent a word in a
computer? You could store its ascii character representation, but that
only tells you what the word is, it doesn't say much about what it means
(you might be able to derive its part of speech from its affixes, or properties
from its capitalization, but not much). Even more, in what sense could you combine
these representations?""".split()
# 三元模型语料准备
trigrams = [([test_sentence[i], test_sentence[i + 1]], test_sentence[i + 2])
            for i in range(len(test_sentence) - 2)]
vocab = set(test_sentence)
word_to_ix = {word: i for i, word in enumerate(vocab)}
```

下面需要将数据整理好，也就是需要将单词三个分组，每个组前两个作为传入的数据，而最后一个作为预测的结果。接下来需要给每个单词编码，也就是用数字来表示每个单词，这样才能够传入 word embeding 得到词向量。

3. 语言模型

```
#语言模型
class NGramLanguageModeler(nn.Module):
    def __init__(self, vocab_size, embedding_dim, context_size):
        super(NGramLanguageModeler, self).__init__()
        self.embeddings = nn.Embedding(vocab_size, embedding_dim)
        self.linear1 = nn.Linear(context_size * embedding_dim, 128)
```

```
        self.linear2 = nn.Linear(128, vocab_size)
    def forward(self, inputs):
        embeds = self.embeddings(inputs).view((1, -1))
        out = F.relu(self.linear1(embeds))
        out = self.linear2(out)
        log_probs = F.log_softmax(out)
        return log_probs
```

这个模型需要传入的参数是所有的单词数 vocab_size、词向量的维度 embedding_dim 和预测单词需要的前面单词数 context_size，即 CONTEXT_SIZE。

然后在向前传播中，首先传入单词得到词向量，比如在该模型中传入两个词，得到的词向量是(2, 100)，然后将词向量展开成(1, 200)，接着传入一个线性模型，经过 ReLU 激活函数再传入一个线性模型，输出的维数是单词总数，可以看成一个分类问题，要最大化预测单词的概率，最后经过一个 log softmax 激活函数。

4. Loss 函数和优化器

```
# Loss 函数和优化器
losses = []
loss_function = nn.NLLLoss()
model = NGramLanguageModeler(len(vocab), EMBEDDING_DIM, CONTEXT_SIZE)
optimizer = optim.SGD(model.parameters(), lr=0.001)
```

5. 训练语言模型

```
#训练语言模型
for epoch in range(N_EPHCNS):
    total_loss = torch.Tensor([0])
    for context, target in trigrams:
        # Step 1. 准备数据
        context_idxs = [word_to_ix[w] for w in context]
        context_var = autograd.Variable(torch.LongTensor(context_idxs))
        # Step 2. 梯度初始化
        model.zero_grad()
        # Step 3. 前向算法
        log_probs = model(context_var)
        # Step 4. 计算 loss
        loss = loss_function(log_probs, autograd.Variable(
            torch.LongTensor([word_to_ix[target]])))
        # Step 5. 后向算法和更新梯度
        loss.backward()
        optimizer.step()
        # step 6. loss
        total_loss += loss.data
    # 打印 loss
    print('\r epoch[{}] - loss: {:.6f}'.format(epoch,total_loss[0]))
```

进行训练，一共跑 100 个 epoch。在每个 epoch 中，word 代表预测单词的前面两个词，label 表示要预测的词。然后记住需要将它们转换成 Variable，接着进入网络得到结果，最后通过 Loss 函数得到 loss，进行反向传播，更新参数。

经过 100 个迭代后，loss 结果如下：

```
epoch[91] - loss: 243.199814
epoch[92] - loss: 241.579529
epoch[93] - loss: 239.956345
epoch[94] - loss: 238.329926
epoch[95] - loss: 236.701630
epoch[96] - loss: 235.069275
epoch[97] - loss: 233.434341
epoch[98] - loss: 231.797974
epoch[99] - loss: 230.158493
```

6. 预测结果

```
word, label = trigrams[3]
word = autograd.Variable(torch.LongTensor([word_to_ix[i] for i in word]))
out = model(word)
_, predict_label = torch.max(out, 1)
predict_word = idx_to_word[predict_label.data[0][0]]
print('real word is {}, predict word is {}'.format(label, predict_word))
```

预测结果如下：

real word is of，predict word is of

可以发现，语言模型能够准确地预测这个单词。

第 7 章

◀ 序列预测模型 ▶

前面提到了 CNN 和基于 CNN 的各类网络及其在图像处理上的应用。这类网络有一个特点，就是输入和输出都是固定长度的。比方说在 MNIST、CIFAR-10、ImageNet 数据集上，这些算法都非常有效，但是只能处理输入和输出都是固定长度的数据集。

在实际中，需要处理很多变长的需求，比方说在机器翻译中，源语言中每个句子长度是不一样的，源语言对应的目标语言的长度也是不一样的。这时使用 CNN 就不能达到想要的效果。从结构上讲，全连接神经网络和卷积神经网络模型中，网络的结构都是输入层-隐含层（多个）-输出层的结构，层与层之间是全连接或者是部分连接，但是同一层内是没有连接的，即所有的连接都是朝一个方向。

使计算机效仿人类的行为一直是大家研究的方向，对于图片的识别可以用 CNN，那么序列数据用什么呢？本章介绍对于序列数据的处理，以及神经网络家族中的另一种新的神经网络——循环神经网络（Recurrent Neural Networks，RNN）。RNN 是为了处理变长的数据而设计的。

本章内容首先提到的是序列数据的处理，然后介绍标准的 RNN 以及它面临的一些问题，随后介绍 RNN 的一些扩展 LSTM（Long Short-Term Memory）以及 RNNs（Recurrent Neural Networks，基于循环神经网络变形的总称）在 NLP（Natural Language Process，自然语言处理）上的应用，最后结合一个实例介绍在 PyTorch 中对 RNNs 的实现。

7.1 序列数据处理

序列数据包括时间序列以及串数据,常见的序列有时序数据、文本数据、语音数据等。处理序列数据的模型称为序列模型。序列模型是自然语言处理中的一个核心模型,依赖时间信息。传统机器学习方法中序列模型有隐马尔科夫模型(Hidden Markov Model,HMM)和条件随机场(Conditional Random Field,CRF)都是概率图模型,其中 HMM 在语音识别和文字识别领域应该广泛,CRF 被广泛用于分词、词性标注和命名实体识别问题。

神经网络处理序列数据,帮助我们从已知的数据中预测未来的模式,在模式识别上取得很好的效果。作为预测未来模式的神经网络有窥视未来的本领,比方说可以根据过去几天的股票价格来预测股票趋势。在前馈神经网络中对于特定的输入都会有相同输出,所以我们要正确地对输入信息进行编码。对时间序列数据的编码很多,其中最简单、应用最广泛的编码是基于滑动窗口的方法。下面介绍一下滑动窗口编码的机制。

在时间序列上,滑动窗口把序列分成两个窗口,分别代表过去和未来,这两个窗口的大小都需要人工确定。比如要预测股票价格,过去窗口的大小表示要考虑多久以前的数据进行预测,如果要考虑过去 5 天的数据来预测未来两天的股票价格,此时的神经网络需要 5 个输入和两个输出。考虑下面一个简单的时间序列:

```
1,2,3,4,3,2,1,2,3,4,3,2,1
```

神经网络可以用三个输入神经元和一个输出神经元,也就是利用过去三个时间的序列来预测下一个时间的元素,这时在训练集中序列数据应该如下表示:

```
[1,2,3]→[4]
[2,3,4]→[3]
[3,4,3]→[2]
[4,3,2]→[1]
```

也就是说,从串的起始位置开始,输入窗口大小为 3,第 4 个为输出窗口,是期望的输出值,然后窗口以步长为一往前滑动,落在输入窗口的为输入,输出窗口的为输出。这样在窗口向前滑动的过程中产生一系列的训练数据。其中,输入窗口和输出窗口的大小都是可以变化的,比方说要根据过去三个时间点的数据来预测未来两个时间点的值,也就是输出窗口大小为 2,此时的训练集为:

```
[1,2,3]→[4,3]
[2,3,4]→[3,2]
[3,4,3]→[2,1]
[4,3,2]→[1,2]
```

上面的两个例子是在一个时间序列上对数据进行编码，也可以对多个时间序列编码。例如，要通过股票过去的价格和交易量来预测股票趋势，我们有两个时间序列，一个是价格序列，一个是交易量的序列：

```
序列 1：1,2,3,4,3,2,1,2,3,4,3,2,1
序列 2：10,20,30,40,30,20,10,20,30,40,30
```

这时需要把序列 2 中的数据加入序列 1 中，同样用输入窗口大小为 3、输出窗口大小为 1 为例，训练集：

```
[1,10,2,20,3,30]→[4]
[2,20,3,30,4,40]→[3]
[3,30,4,40,3,30]→[2]
[4,40,3,30,2,20]→[1]
```

其中序列 1 用来预测它自己，而序列 2 作为辅助信息。类似的可以用到多个序列数据的预测上，而且要预测的列可以不再输入信息汇总，比方说可以用 IBM 和苹果的股票价格来预测微软的股票价格，此时微软的股票价格不出现在输入信息中。

滑动窗口机制有点像卷积的操作，所以也有人称滑动窗口为 1 维卷积。在自然语言处理中，滑动窗口等同于 Ngram。例如，在词性标注的任务中，输入窗口为上下文的词，输出窗口输出的是输入窗口最右侧一个词的词性，每次向前滑动一个窗口，直到句子结束。对于文本的向量化表示，可以使用 one-hot 编码，也可以使用词嵌入，相比来说词嵌入是更稠密的表示，训练过程中可以减少神经网络中参数的数量，使训练更快。

滑动窗口机制虽然可以用来对序列数据进行编码，但是它把序列问题处理成一对一的映射问题，即输入串到输出串的映射，而且两个串的大小都是固定的。很多任务中，我们需要比一对一映射更复杂的表示，例如在情感分析中，我们需要输入一整句话来判断情感极性，而且每个实例中句子长度不确定；或者要使用更复杂的输入——一张图片，来生成一个句子，用来描述这个图片。这样的任务中没有输入到输出的特定映射关系，而是需要神经网络对输入串有记忆功能：在读取输入的过程中，记住输入的关键信息。这时，我们需要一种神经网络可以保存记忆，就是有状态的网络。下面我们来介绍有状态的神经网络。

7.2 循环神经网络

循环神经网络（Recurrent Neural Network，RNN）是从 19 世纪 80 年代慢慢发展起来的[1]，与 CNN 对比，RNN 内部有循环结构，这也是名字的由来。需要注

---

[1] https://en.wikipedia.org/wiki/Recurrent_neural_network

意的是，RNN 这个简称有时候也用来指递归神经网络（Recursive Neural Network），但是这是两种不同的网络结构，递归神经网络是深的树状结构，而循环神经网络是链状结构，要注意区分。提到 RNN 大多指的是循环神经网络，RNNs 即基于循环神经网络变形的总称。

RNN 可以解决变长序列的问题，通过分析时间序列数据达到"预测未来"的本领，比如要说的下一个词、汽车的运动轨迹、钢琴弹奏的下一个音符，RNN 可以工作在任意长度的序列数据上，使得其在 NLP 上运用十分广泛：自动翻译、语音识别、情感分析和人机对话等。

循环神经网络里有重复神经网络基本模型的链式形式，在标准的 RNN 中，神经网络的基本模型仅仅含有一个简单的网络层，比如一个双极性的 Tanh 层[1]，如图 7-1 所示。

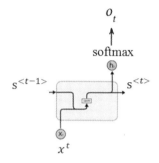

图 7-1　标准 RNN 的结构

标准 RNN 的前向传播公式如下：

$$s^{<t>} = tanh(W_s[s^{<t-1>}, x^t] + b_a)$$

RNN 中存在循环结构，指的是神经元的输入是该层神经元的输出。如图 7-2 所示，左边是 RNN 的结构图，右边是 RNN 结构按时刻展开。时刻是 RNN 中一个非常重要的概念，不同时刻记忆在隐藏单元中存储和流动，每一个时刻的隐含层单元有一个输出。在 RNN 中，各隐含层共享参数。

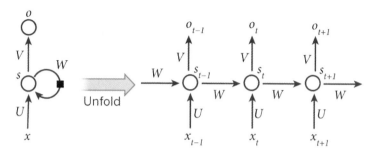

图 7-2　RNN 结构和按时刻展开（共享参数为 W、U、V）

---

[1] http://colah.github.io/posts/2015-08-Understanding-LSTMs/

记忆在隐藏单元中存储和流动,而输出取自于隐含单元以及网络的最终输出。展开后可以看出网络输出串的整个过程,即图中的输出 o_{t-1}、o_t、o_{t+1},展开后的神经网络每一层负责一个输出。x_t 是 t 时刻的输入,可以是当前词的一个 one-hot 向量,s_t 是 t 时刻的隐含层状态,是网络的记忆单元,s_t 基于前面时刻的隐含层状态和输入信息计算得出,激活函数可以是 Tanh 或者 ReLu,对于网络 t_0 时刻的神经网络状态可以简单地初始化成 0;o_t 是 t 时刻神经网络的输出,从神经网络中产生每个时刻的输出信息,例如,在文本处理中,输出可能是词汇的概率向量,通过 softmax 得出。

根据输入输出的不同,RNN 可以按以下情况分类(参考了吴恩达(Andrew Ng)老师的深度学习专项课程[1])。

- 1-N:一个输入,多个输出。例如,图片描述(Image Captioning),输入是一个图片,输出是一个句子;音乐生成,输入一个数值,这个数值代表一个音符或一个音乐的风格,神经网络自动生成一段旋律;还有句子生成等。
- N-1:多个输入,一个输出。大多根据输入的串做预测和分类,比如语义分类、评论的情感分析、天气预报、股市预测、商品推荐、DNA 序列分类、异常检测等。
- N-N:多个输入,多个输出,而且输入和输出长度相等。比如命名实体识别,词性标注等输入和输出的长度一样。
- N-M:一般情况下 $N \neq M$,例如机器翻译、文本摘要等,输入输出长度是不一样的。

根据不同的任务,循环神经网络会有不同的结构。下面通过图例直观地理解一下不同的循环神经网络的结构,如图 7-3 所示。

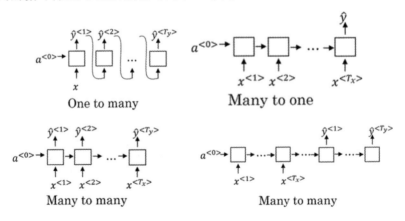

图 7-3 RNN 分类

---

[1] https://www.coursera.org/specializations/deep-learning

根据传播方向的不同，还有双向 RNN，上面讲到的网络结构都是通过当前时刻和过去时刻来产生输出，但是有些任务比如语音识别，需要通过后面的信息判断前面的输出状态。双向循环网络就是为了这种需求提出的，它允许 t 时刻到 t-1 时刻有链接，从而使网络能够依据未来的状态调整当前状态。这在实际应用中有很好的例子：语音识别输入的时候，会先输出一个认为不错的序列，但是说完以后会根据后面的输入调整已经出现的输出。双向 RNN 的结构图如图 7-4 所示。

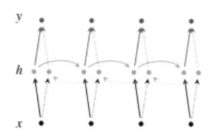

图 7-4　双向 RNN 结构图

RNN 的训练是按时刻展开循环神经网络进行反向传播，反向传播算法的目的是找出在所有网络参数下的损失梯度。因为 RNN 的参数在所有时刻都是共享的，每一次反向传播不仅依赖当前时刻的计算结果，而且依赖之前时刻，按时刻对神经网络展开，并执行反向传播，这个过程叫 Backpropagation Through Time（BPTT），是反向传播的扩展。和传统的神经网络一样，在时间序列上展开并前向传播计算出输出，利用所有时刻的输出计算损失 y_0、y_1……y_{t-1}、y_t，模型参数通过 BPTT 算法更新。梯度的反向传递依赖的是损失函数中用到的所有输出，并不是最后时刻的输出。比如说损失函数使用到了 y_2、y_3、y_4，所以梯度传递的时候使用这三个输出，而不使用 y_0、y_1，在所有的时刻 W 和 b 是共享的，所有反向传播才能在所有的时刻上正确计算。

由于存在梯度消失（大多时候）和梯度爆炸（极少，但对优化过程影响很大）的原因，导致 RNN 的训练很难获取到长时依赖信息。有时句子中对一个词的预测只需要考虑附近的词，而不用考虑很远的开头的地方，比如说在语言模型的任务中，试图根据已有的序列预测相应的单词：要预测"the clouds are in the sky"中最后一个单词"sky"，不需要更多的上下文信息，只要"the clouds are in the"就足够预测出下一个词就是"sky"了，这种目标词与相关信息很近的情况 RNN 是可以通过学习获得的，但是也有一些单词的预测需要更"远"处的上下文信息，比方说"I grew up in France… I speak fluent French."要预测最后一个词："French"，最近的信息"speak fluent"只能获得一种语言的结果，但是具体是哪种语言就需要句子其他的上下文了，就是包括"France"的那段，也就是预测目标词依赖的上下文可能会间隔很远。

不幸的是，随着这种间隔的拉长，因为存在梯度消失或爆炸的问题——梯度消失使得我们在优化过程中不知道梯度方向，梯度爆炸会使得学习变得不稳定——RNNs 学习这些链接信息变得很困难。循环网络要在很长时间序列的各个时刻重复相同的操作来完成深层的计算图，模型中的参数是共享的，导致训练中的误差在网络层上的传递不断积累，最终使得长期依赖的问题变得更加突出，使得深度神经网络丧失了学习先前信息的能力。

上面是标准 RNN 的概念及分类，针对 RNN 还有很多更有效的扩展，应用广泛的也是在其基础上发展来的网络，下面看一下基于 RNN 的一些扩展。

7.3 LSTM 和 GRU

为了解决长期依赖的问题，对 RNN 进行改进提出了 LSTM（Long Short-Term Memory）。LSTM 从字面意思上看它是短期的记忆，只是比较长的短期记忆，我们需要上下文的依赖信息，但是不希望这些依赖信息过长，所以叫长的短期记忆网络。

LSTM 通过设计门限结构解决长期依赖问题，在标准 RNN 的基础上增加了四个神经网络层，使得 LSTM 网络包括四个输入：当前时刻的输入信息、遗忘门、输入门、输出门和一个输出（当前时刻网络的输出）。各个门上的激活函数使用 Sigmoid，其输出在 0~1 之间，可以定义各个门是否被打开或打开的程度，赋予了它去除或者添加信息的能力。

图 7-5 所示是 LSTM 的结构示意图，从图中可以看出有三个 Sigmoid 层，从左到右分别是遗忘门（Forget Gate）、输入门（Input Gate）和输出门（Output Gate）。三个 Sigmoid 层的输入都是当前时刻的输入 x_t 和上一时刻的输出 h_{t-1}，在 LSTM 前向传播的过程中，针对不同的输入表现不同的角色。下面根据不同的门限和相应的计算公式详细说明一下 LSTM 的工作原理。

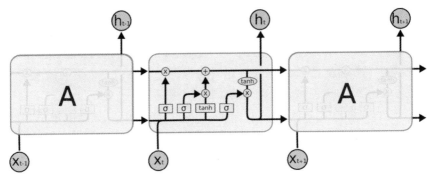

图 7-5　LSTM 的结构示意图

（1）遗忘门：也有的资料称之为保持门（Keep Gate），这是从对立面说的。遗忘门控制记忆单元里哪些信息舍去（也就是被遗忘）、哪些信息被保留。这些状态是神经网络通过数据学习得到的。

遗忘门的 Sigmoid 层输出 0-1，这个输出作用于 t-1 时刻的记忆单元，0 表示将过去的记忆完全遗忘，1 表示过去的信息完全保留。遗忘门在整个结构中的位置和前向传播的公式如图 7-6 所示。

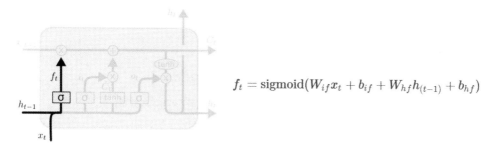

$$f_t = \text{sigmoid}(W_{if}x_t + b_{if} + W_{hf}h_{(t-1)} + b_{hf})$$

图 7-6　LSTM 遗忘门和前向传播公式

（2）输入门：也有的说法叫更新门（Update Gate）或写入门（Write Gate）。总之，输入门决定更新记忆单元的信息，包括两个部分，一个是 sigmoid 层，一个是 tanh 层；tanh 层的输入和 sigmoid 一样都是当前时刻的输入 x_t 和上一时刻的输出 h_{t-1}，tanh 层从新的输入和网络原有的记忆信息决定要被写入到新的神经网络状态中的候选值，而 sigmoid 层决定这些候选值有多少被实际写入，要写入的记忆单元信息只有输入门打开才能真正地把值写入，其状态也是神经网络自己学习到的。输入门在整个结构中的位置和前向传播公式如图 7-7 所示。

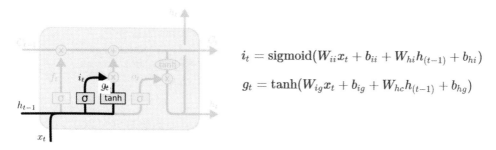

$$i_t = \text{sigmoid}(W_{ii}x_t + b_{ii} + W_{hi}h_{(t-1)} + b_{hi})$$
$$g_t = \tanh(W_{ig}x_t + b_{ig} + W_{hc}h_{(t-1)} + b_{hg})$$

图 7-7　LSTM 的输入门和前向传播公式

目前为止已经有了遗忘门和输入门，下一步就可以更新神经元状态，也就是神经网络记忆单元的值了。前面两个步骤已经准备好了要更新的信息，下面就是怎么更新了。从公式看当前时刻的神经元状态 c_t 是两部分的和：一部分是计算通过遗忘门后剩余的信息，即上一时刻的神经元状态 C_{t-1} 与 f_t 的乘积；另一部分是从输入中获取的新信息，即 i_t 与 g_t 的乘积，得出实际要输入到神经元状态的信息。其中 g_t 是 t 时刻新的输入 x_t 和上一时刻网络隐含层输出 h_{t-1} 综合后的候选值，如图

7-8 所示。

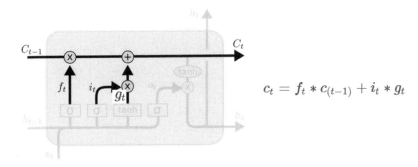

图 7-8　LSTM 的状态更新和计算公式

（3）输出门：输出门的功能是读取刚更新过的神经网络状态，也就是记忆单元进行输出，但是具体哪些信息可以输出同样受输出门 o_t 的控制，o_t 通过 sigmoid 层实现，产生一个范围在（0,1）的值。网络隐含层状态 c_t 通过一个 tanh 层，对记忆单元中的信息产生候选输出，范围是（-1,1），然后与输出门 o_t 相乘得出实际要输出的值 h_t，如图 7-9 所示。

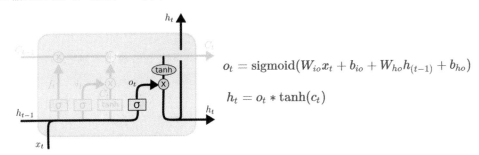

图 7-9　LSTM 的输出门在整个结构中的位置和前向传播公式

LSTM 由于有效地解决了标准 RNN 的长期依赖问题，所以应用很广泛，目前我们所说的 RNNs 大多都是指的 LSTM 或者基于 LSTM 的变体。

从上面看 LSTM 有复杂的结构和前向传播公式，不过在实际应用中 PyTorch 有 LSTM 的封装，程序中使用的时候只需要给定需要的参数就可以了。PyTorch 中 LSTM 的定义：

```
torch.nn.LSTM(*args, **kwargs)
```

可接受的参数和含义如下：

- input_size：输入信息的特征数。
- hidden_size：隐含层状态 h 的特征数。
- num_layers：循环层数。
- bias：如果设置成 False，不适用偏置项 b_ih 和 b_hh，默认为 True。

- batch_first：如果设置成 True，输入和输出的 tensors 应该为(batch，seq，feature)的顺序。
- dropout：如果非零，在除输出层外的其他网络层添加 Dropout 层。
- bidirectional：如果设置成 True，变成双向的 LSTM，默认为 False。

下面的程序片段是一个简单的 LSTM 例子，定义 LSTM 的网络结构，输入大小为 10，隐含层为 20、2 个循环层（注意不是时序展开的层），输入信息是 input，隐含层状态 h，记忆单元状态 c，输出是最后一层的输出特征的 tensor，隐含层状态：

```
>>> rnn = nn.LSTM(10, 20, 2)
>>> input = Variable(torch.randn(5, 3, 10))
>>> h0 = Variable(torch.randn(2, 3, 20))
>>> c0 = Variable(torch.randn(2, 3, 20))
>>> output, hn = rnn(input, (h0, c0))
```

PyTorch 中还有一个 LSTM Cell 定义如下，参数含义和 LSTM 一样：

```
class torch.nn.LSTMCell(input_size, hidden_size, bias=True)
```

LSTM 的实现内部调用了 LSTM cell。LSTM Cell 是 LSTM 的内部执行一个时序步骤，从例子可以看出：

```
>>> rnn = nn.LSTMCell(10, 20)
>>> input = Variable(torch.randn(6, 3, 10))
>>> hx = Variable(torch.randn(3, 20))
>>> cx = Variable(torch.randn(3, 20))
>>> output = []
>>> for i in range(6): ...
>>>     hx, cx = rnn(input[i], (hx, cx)) ...
>>>     output.append(hx)
```

后续关于 LSTM 的变体有很多，一个很有名的变体是 GRU[1]（Gated Recurrent Unit），它在保持 LSTM 效果的情况下，GRU 将遗忘门和输入门整合成一个更新门，同样还将单元状态和隐藏状态合并，并做出一些其他改变。因为 GRU 比标准的 LSTM 少了一个门限层，使得其训练速度更快、更方便构建更复杂的网络。

GRU 的结构图和前向计算公式如图 7-10 所示。

在 RNN 的变种中，Greff 等人[2]针对流行的变种做了良好对比，发现它们其实都一样。Jozefowicz 等人[3]对超过 1 万种 RNN 架构做了测试，发现其中某些在特

---

[1] Cho K，Van Merrienboer B，Gulcehre C，et al. Learning Phrase Representations using RNN Encoder-Decoder for Statistical Machine Translation[J]. Computer Science，2014.

[2] Greff K，Srivastava R K，Koutník J，et al. LSTM: A Search Space Odyssey[J]. IEEE Transactions on Neural Networks & Learning Systems，2017，28(10):2222-2232.

[3] Jozefowicz R，Zaremba W，Sutskever I. An empirical exploration of recurrent network architectures[C]// International Conference on International Conference on Machine Learning. JMLR.org，2015:2342-2350.

定任务上效果比 LSTMs 要好，选取时先尝试 LSTM，也可以尝试一下 GRU。

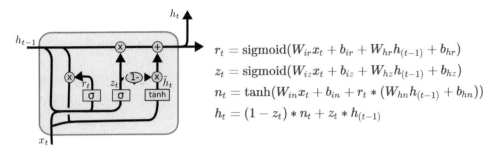

图 7-10　GRU 结构图和前向计算公式

PyTorch 中 GRU 的定义：

```
class torch.nn.GRU(*args, **kwargs)
```

GRU 的简单使用实例：

```
>>> rnn = nn.GRU(10, 20, 2)
>>> input = Variable(torch.randn(5, 3, 10))
>>> h0 = Variable(torch.randn(2, 3, 20))
>>> output, hn = rnn(input, h0)
```

7.4　LSTM 在自然语言处理中的应用

上一节详细介绍了 LSTM 的由来和各个部分的功能，因为擅长处理序列数据，并能够解决训练中长依赖问题，LSTM 在 NLP 中有着广泛的应用，下面讲述 LSTM 在 NLP 中的一些应用。

7.4.1　词性标注

词性标注（Part-of-Speech Tagging，POS Tagging）任务是自然语言处理中最基本的任务，对给定的句子做每个词的词性识别，是作为其他 NLP 任务的基础。本节通过 PyTorch 官方教程[1]介绍在 PyTorch 中使用 LSTM 进行 POS Tagging 的任务。

把输入句子表示成 $w_1, w_2, \ldots, w_m$，其中 $w_i \in V$，V 是词汇表，T 为所有词性标签集合，用 y_i 是 w_i 表示的词性，我们要预测的是 w_i 的词性 $\hat{y}_i$。模型的输出是 $\hat{y}_1, \hat{y}_2, \ldots, \hat{y}_M$，其中 $\hat{y}_i \in T$。把句子传入 LSTM 做预测，i 时刻的隐含层状态用 h_i 表示。每个词性有唯一的编号，预测 $\hat{y}_i$ 的前向传播公式：

$$\hat{y}_i = argmax_j(log\,Softmax(Ah_i + b))_j$$

---

[1] http://pytorch.org/tutorials/beginner/nlp/sequence_models_tutorial.html#example-an-lstm-for-part-of-speech-tagging

在隐含层状态上作用一个仿射函数 log softmax，最终的词性预测结果是输出向量中最大的值。目标空间 A 的大小是$|T|$。

数据的准备过程：

```
# 输入数据封装成 Variable
def prepare_sequence(seq, to_ix):
    idxs = [to_ix[w] for w in seq]
    tensor = torch.LongTensor(idxs)
    return autograd.Variable(tensor)

# 输入数据格式，单个的词和对应的词性
training_data = [
    ("The dog ate the apple".split(), ["DET", "NN", "V", "DET", "NN"]),
    ("Everybody read that book".split(), ["NN", "V", "DET", "NN"])
]
word_to_ix = {}
for sent, tags in training_data:
    for word in sent:
        if word not in word_to_ix:
            word_to_ix[word] = len(word_to_ix)
print(word_to_ix)
# 词性编号
tag_to_ix = {"DET": 0, "NN": 1, "V": 2}

# 一般使用 32 或者 64 维，这里为了便于观察程序运行中权重的变化，使用小的维度
EMBEDDING_DIM = 6
HIDDEN_DIM = 6
```

模型的定义：

```
class LSTMTagger(nn.Module):

    def __init__(self, embedding_dim, hidden_dim, vocab_size, tagset_size):
        super(LSTMTagger, self).__init__()
        self.hidden_dim = hidden_dim

        # 词嵌入，给定词表大小和期望的输出维度
        self.word_embeddings = nn.Embedding(vocab_size, embedding_dim)

        # 使用词嵌入作为输入，输出为隐含层状态，大小为 hidden_dim
        self.lstm = nn.LSTM(embedding_dim, hidden_dim)

        # 线性层把隐含层状态空间映射到词性空间
        self.hidden2tag = nn.Linear(hidden_dim, tagset_size)
        self.hidden = self.init_hidden()

    # 初始化隐含层状态，Variable 为(num_layers, minibatch_size, hidden_dim)
    def init_hidden(self):
        return (autograd.Variable(torch.zeros(1, 1, self.hidden_dim)),
                autograd.Variable(torch.zeros(1, 1, self.hidden_dim)))
```

```
# 前向传播
    def forward(self, sentence):
        embeds = self.word_embeddings(sentence)
        lstm_out, self.hidden = self.lstm(
            embeds.view(len(sentence), 1, -1), self.hidden)
        tag_space = self.hidden2tag(lstm_out.view(len(sentence), -1))
        tag_scores = F.log_softmax(tag_space, dim=1)
        return tag_scores
```

具体的训练过程可以参看 PyTorch 官网教程，这里特别要指出的是，这里的 POS Tagging 任务使用的损失函数是负对数似然损失，优化器使用 SGD，学习率为 0.1：

```
loss_function = nn.NLLLoss()
optimizer = optim.SGD(model.parameters(), lr=0.1)
```

7.4.2 情感分析

本小节介绍一下 LSTM 在 NLP 中另外一个领域上的应用：情感分析。Bjarke Felbo[1]在论文中提到一个情感分析的任务 Deepmoji，利用表情符号训练了 12 亿条推文，用以了解语言是如何用来表达情感。通过神经网络的学习，模型可以在许多情感相关的文本建模任务中获得最先进的性能。torchMoji[2]是论文中提出的情感分析的 PyTorch 实现。模型包含两个双 LSTM 层，在 LSTM 后面链接一个 Attention 层分类器，模型的结构图如图 7-11 所示。

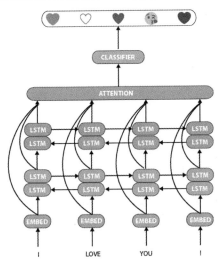

图 7-11 torchMoji/DeepMoji 模型

---

[1] Felbo B，Mislove A，Søgaard A，et al. Using millions of emoji occurrences to learn any-domain representations for detecting sentiment，emotion and sarcasm[J]. 2017.

[2] https://github.com/huggingface/torchMoji

Deepmoji 可以对输入的句子进行情感方面的分析并生成相应的 Moji 表情，如图 7-12 所示。比如输入"What is happening to me??"和"what a good day!"会输出不同的表情，并给出输出的置信度。具体代码见引用的 GitHub。

图 7-12　Deepmoji 的输入输出示例

7.5　序列到序列网络

7.5.1　序列到序列网络原理

序列到序列网络[1]（Seq2seqNetwork 或 Encoder Decoder Network）由两个独立的循环神经网络组成，被称为编码器（Encoder）和解码器（Decoder），通常使用 LSTM 或 GRU 实现。编码器处理输入数据，其目标是理解输入信息并表示在编码器的最终状态中。解码器从编码器的最终状态开始，逐词生成目标输出的序列，解码器在每个时刻的输入为上一时刻的输出，整体过程如图 7-13 所示。

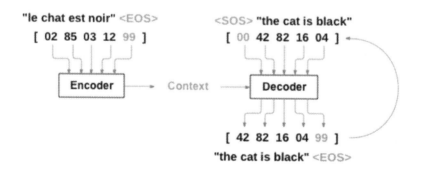

图 7-13　编码器和解码器

串到串最常用的场景就是机器翻译，把输入串分词并表示成词向量，每个时刻一个词语输入到编码网络中，并利用 EOS 作为句子末尾的标记。句子输入完成

---

[1] Sutskever I，Vinyals O，Le Q V. Sequence to Sequence Learning with Neural Networks[J]. 2014，4:3104-3112.

后我们得到一个编码器，这时可以用编码器的隐含层状态来初始化解码器，输入到解码器的第一个词是 SOS，作为目标语言的起始标识，得到的输出是目标语言的第一个词，随后将该时刻的输出作为解码器下一时刻的输入。重复这个过程直到解码器的输出产生一个 EOS，目标语言结束的标识，这时就完成了从源语言到目标语言的翻译。具体的例子在 7.6 节讲解。

7.5.2 注意力机制

从人工翻译句子的经验中可以得到很多启发，从而改善我们提到的串到串模型。人工翻译句子的时候，首先阅读整个句子理解要表达的意思，然后开始写出相应的翻译。但是一个很重要的方面就是在你写新的句子的时候，通常会重新回到源语言的文本，特别注意你目前正在翻译的那部分在源语言中的表达，以确定最好的翻译结果。而我们前面提到的串到串模型中，编码器一次读入所有的输入并总结到句子的意思保存到编码器的隐含层状态，这个过程像人工翻译的第一部分，而通过编码器得到最终的翻译结果，解码器处理的是翻译的第二个部分。但是"特别注意"的部分在我们的串到串模型中还没有体现，这也是需要完成的部分。

为了在串到串模型中添加注意力机制，在解码器在产生 t 时刻的输出时让解码器访问所有从编码器的输出，这样解码器可以观察源语言的句子，这个过程是之前没有的。但是在每个时间步都考虑编码器的所有输出，这和人工翻译的过程还是不同的，人工翻译时对于不同的部分，需要关注源语言中特定的很小的部分。所以，直接让解码器访问所有编码器的输出是不符合实际的。我们需要对这个过程改进，让解码器工作的时候可以动态地注意编码器输出的特定部分。有研究者[1]提出的解决方案是把输入变成串联操作，在编码器的输出上使用一个带权重，也就是解码器在 t-1 时刻的状态，而不是直接使用其输出。具体做法是，首先为编码器的每个输出关联一个分数，这个分数由解码器 t-1 时刻的网络状态和每个编码器输出的点乘积得到，然后用 softmax 层对这些关联分数进行归一化。最后，在加入到串联操作之前，利用归一化后的分数分别度量编码器的输出。这个策略的关键点是，编码器的每个输出计算得到的关联分数，表示了每个编码器输出对解码器 t 时刻决策的重要程度。

注意力机制提出后受到了广泛的关注，并在语音识别、图像描述等应用上有很好的效果。

---

[1] Bahdanau D，Cho K，Bengio Y. Neural Machine Translation by Jointly Learning to Align and Translate[J]. Computer Science，2014.

7.6 PyTorch 实例：基于 GRU 和 Attention 的机器翻译

7.6.1 公共模块

这里提到的公共模块主要是日志的处理。在数据处理、模型训练等过程中需要保留必要的日志，这样可以对程序的运行过程、运行结果进行记录和分析。这里定义了 logger.py 模块，同时设置文件记录和控制台输出：

```
import logging as logger

logger.basicConfig(level=logger.DEBUG,
format='%(asctime)s %(filename)s[line:%(lineno)d] %(levelname)s %(message)s',
                    datefmt='%Y-%m-%d %H:%M:%S -',
                    filename='log.log',
                    filemode='a')   # 日志追写方式
# 设置日志的控制台输出
console = logger.StreamHandler()
console.setLevel(logger.INFO)
formatter = logger.Formatter('%(asctime)s  %(name)-6s:  %(levelname)-6s %(message)s')
console.setFormatter(formatter)
logger.getLogger('').addHandler(console)
```

7.6.2 数据处理

数据处理模块主要定义模型训练需要的一些数据处理，包括从文件加载数据、数据解析和一些辅助函数。所有代码定义在 process.py 文件中。

1. 依赖引入

```
from __future__ import unicode_literals, print_function, division

import math
import re
import time
import unicodedata
import jieba

import torch
from logger import logger
from torch.autograd import Variable
```

一些常量的定义，包括判断 GPU 状态、翻译最大接受的长度和设置句子起始位置的编号：

```
use_cuda = torch.cuda.is_available()

SOS_token = 0
EOS_token = 1
# 中文的时候要设置大一些
MAX_LENGTH = 25

eng_prefixes = (
    "i am ", "i m ",
    "he is", "he s ",
    "she is", "she s ",
    "you are", "you re ",
    "we are", "we re ",
    "they are", "they re "
)
```

2. 辅助函数

该部分定义一下辅助函数，这样可以简化程序的逻辑，而且能够实现重用。

```
def unicodeToAscii(s):
    return ''.join(
        c for c in unicodedata.normalize('NFD', s)
        if unicodedata.category(c) != 'Mn'
    )

def normalizeString(s):
    s = unicodeToAscii(s.lower().strip())
    s = re.sub(r"([.!?])", r" \1", s)
    # 中文不能进行下面的处理
    # s = re.sub(r"[^a-zA-Z.!?]+", r" ", s)
    return s


def cut(sentence, use_jieba=False):
    '''
    对句子分词。
    :param sentence: 要分词的句子
    :param use_jieba: 是否使用 jieba 进行智能分词，默认按单字切分
    :return: 分词结果，空格区分
    '''
    if use_jieba:
        return ' '.join(jieba.cut(sentence))
    else:
        words = [word for word in sentence]
        return ' '.join(words)
```

```python
def filterPair(p):
    '''
    按自定义最大长度过滤
    '''
    return len(p[0].split(' ')) < MAX_LENGTH and \
        len(p[1].split(' ')) < MAX_LENGTH and \
        p[1].startswith(eng_prefixes)


def filterPairs(pairs):
    return [pair for pair in pairs if filterPair(pair)]


def asMinutes(s):
    m = math.floor(s / 60)
    s -= m * 60
    return '%dm %ds' % (m, s)


def timeSince(since, percent):
    now = time.time()
    s = now - since
    es = s / (percent)
    rs = es - s
    return '%s (- %s)' % (asMinutes(s), asMinutes(rs))
```

3. 语言建模

对源语言和目标语言建模，保存语言相关的所有词的信息，可以在后续的训练和评估中使用。

```python
class Lang:
    def __init__(self, name):
        '''
        添加 need_cut 可根据语种进行不同的分词逻辑处理
        :param name: 语种名称
        '''
        self.name = name
        self.need_cut = self.name == 'cmn'
        self.word2index = {}
        self.word2count = {}
        self.index2word = {0: "SOS", 1: "EOS"}
        self.n_words = 2  # 初始化词数为2：SOS & EOS

    def addSentence(self, sentence):
        '''
        从语料中添加句子到 Lang
        :param sentence: 语料中的每个句子
        '''
        if self.need_cut:
            sentence = cut(sentence)
```

```
        for word in sentence.split(' '):
            if len(word) > 0:
                self.addWord(word)

    def addWord(self, word):
        '''
向 Lang 中添加每个词，并统计词频，如果是新词修改词表大小
        :param word:
        '''
        if word not in self.word2index:
            self.word2index[word] = self.n_words
            self.word2count[word] = 1
            self.index2word[self.n_words] = word
            self.n_words += 1
        else:
            self.word2count[word] += 1
```

4. 数据处理

对语料库中的句子进行处理，结果保存到各个语言的实例中。

```
def readLangs(lang1, lang2, reverse=False):
    '''

    :param lang1: 源语言
    :param lang2: 目标语言
    :param reverse: 是否逆向翻译
    :return: 源语言实例，目标语言实例，词语对
    '''
    logger.info("Reading lines...")

    # 读取 txt 文件并分割成行
    lines = open('data/%s-%s.txt' % (lang1, lang2), encoding='utf-8'). \
        read().strip().split('\n')

    # 按行处理成源语言-目标语言对，并做预处理
    pairs = [[normalizeString(s) for s in l.split('\t')] for l in lines]

    # 生成语言实例
    if reverse:
        pairs = [list(reversed(p)) for p in pairs]
        input_lang = Lang(lang2)
        output_lang = Lang(lang1)
    else:
        input_lang = Lang(lang1)
        output_lang = Lang(lang2)

    return input_lang, output_lang, pairs


def prepareData(lang1, lang2, reverse=False):
```

```python
    input_lang, output_lang, pairs = readLangs(lang1, lang2, reverse)
    logger.info("Read %s sentence pairs" % len(pairs))
    pairs = filterPairs(pairs)
    logger.info("Trimmed to %s sentence pairs" % len(pairs))
    logger.info("Counting words...")
    for pair in pairs:
        input_lang.addSentence(pair[0])
        output_lang.addSentence(pair[1])
    logger.info("Counted words:")
    logger.info('%s, %d' % (input_lang.name, input_lang.n_words))
    logger.info('%s, %d' % (output_lang.name, output_lang.n_words))
    return input_lang, output_lang, pairs
```

```python
def indexesFromSentence(lang, sentence):
    return[lang.word2index[word]for word in sentence.split(' ')if len(word)> 0]

# 将指定的句子转换成 Variable
def variableFromSentence(lang, sentence):
    if lang.need_cut:
        sentence = cut(sentence)
    # logger.info("cuted sentence: %s" % sentence)
    indexes = indexesFromSentence(lang, sentence)
    indexes.append(EOS_token)
    result = Variable(torch.LongTensor(indexes).view(-1, 1))
    if use_cuda:
        return result.cuda()
    else:
        return result

# 指定的 pair 转换成 Variable
def variablesFromPair(input_lang, output_lang, pair):
    input_variable = variableFromSentence(input_lang, pair[0])
    target_variable = variableFromSentence(output_lang, pair[1])
    return (input_variable, target_variable)
```

7.6.3 模型定义

这部分主要是神经网络的定义，包括编码器和解码器两个神经网络。所有代码定义在 model.py 文件中。

1. 依赖引入

```python
import torch
from logger import logger
from torch import nn
from torch.autograd import Variable
from torch.nn import functional as F

# from process import cut
```

```python
from process import MAX_LENGTH

use_cuda = torch.cuda.is_available()
```

2. 编码器

```python
class EncoderRNN(nn.Module):
    '''
    编码器的定义
    '''

    def __init__(self, input_size, hidden_size, n_layers=1):
        '''
        初始化过程
        :param input_size: 输入向量长度，这里是词汇表大小
        :param hidden_size: 隐含层大小
        :param n_layers: 叠加层数
        '''
        super(EncoderRNN, self).__init__()
        self.n_layers = n_layers
        self.hidden_size = hidden_size

        self.embedding = nn.Embedding(input_size, hidden_size)
        self.gru = nn.GRU(hidden_size, hidden_size)

    def forward(self, input, hidden):
        '''
        前向计算过程
        :param input: 输入
        :param hidden: 隐含层状态
        :return: 编码器输出，隐含层状态
        '''
        try:
            embedded = self.embedding(input).view(1, 1, -1)
            output = embedded
            for i in range(self.n_layers):
                output, hidden = self.gru(output, hidden)
            return output, hidden
        except Exception as err:
            logger.error(err)

    def initHidden(self):
        '''
        隐含层状态初始化
        :return: 初始化过的隐含层状态
        '''
        result = Variable(torch.zeros(1, 1, self.hidden_size))
        if use_cuda:
            return result.cuda()
        else:
```

```
        return result
```

3. 解码器

```
class DecoderRNN(nn.Module):
    '''
解码器定义
    '''

    def __init__(self, hidden_size, output_size, n_layers=1):
        '''
初始化过程
        :param hidden_size: 隐含层大小
        :param output_size: 输出大小
        :param n_layers: 叠加层数
        '''
        super(DecoderRNN, self).__init__()
        self.n_layers = n_layers
        self.hidden_size = hidden_size

        self.embedding = nn.Embedding(output_size, hidden_size)
        self.gru = nn.GRU(hidden_size, hidden_size)
        self.out = nn.Linear(hidden_size, output_size)
        self.softmax = nn.LogSoftmax()

    def forward(self, input, hidden):
        '''
前向计算过程
        :param input: 输入信息
        :param hidden: 隐含层状态
        :return: 解码器输出，隐含层状态
        '''
        try:
            output = self.embedding(input).view(1, 1, -1)
            for i in range(self.n_layers):
                output = F.relu(output)
                output, hidden = self.gru(output, hidden)
            output = self.softmax(self.out(output[0]))
            return output, hidden
        except Exception as err:
            logger.error(err)

    def initHidden(self):
        '''
隐含层状态初始化
        :return: 初始化过的隐含层状态
        '''
        result = Variable(torch.zeros(1, 1, self.hidden_size))
        if use_cuda:
            return result.cuda()
```

```
        else:
            return result
```

4. 带注意力机制的解码器

```
class AttnDecoderRNN(nn.Module):
    '''
    带注意力的解码器的定义
    '''

    def __init__(self, hidden_size, output_size, n_layers=1, dropout_p=0.1,
max_length=MAX_LENGTH):
        '''
        带注意力的解码器初始化过程
        :param hidden_size: 隐含层大小
        :param output_size: 输出大小
        :param n_layers: 叠加层数
        :param dropout_p: dropout 率定义
        :param max_length: 接受的最大句子长度
        '''
        super(AttnDecoderRNN, self).__init__()
        self.hidden_size = hidden_size
        self.output_size = output_size
        self.n_layers = n_layers
        self.dropout_p = dropout_p
        self.max_length = max_length

        self.embedding = nn.Embedding(self.output_size, self.hidden_size)
        self.attn = nn.Linear(self.hidden_size * 2, self.max_length)
        self.attn_combine = nn.Linear(self.hidden_size * 2, self.hidden_size)
        self.dropout = nn.Dropout(self.dropout_p)
        self.gru = nn.GRU(self.hidden_size, self.hidden_size)
        self.out = nn.Linear(self.hidden_size, self.output_size)

    def forward(self, input, hidden, encoder_output, encoder_outputs):
        '''
        前向计算过程
        :param input: 输入信息
        :param hidden: 隐含层状态
        :param encoder_output: 编码器分时刻的输出
        :param encoder_outputs: 编码器全部输出
        :return: 解码器输出,隐含层状态,注意力权重
        '''
        try:
            embedded = self.embedding(input).view(1, 1, -1)
            embedded = self.dropout(embedded)

            attn_weights = F.softmax(
                self.attn(torch.cat((embedded[0], hidden[0]), 1)))
            attn_applied = torch.bmm(attn_weights.unsqueeze(0),
```

```
                            encoder_outputs.unsqueeze(0))
        output = torch.cat((embedded[0], attn_applied[0]), 1)
        output = self.attn_combine(output).unsqueeze(0)

        for i in range(self.n_layers):
            output = F.relu(output)
            output, hidden = self.gru(output, hidden)

        output = F.log_softmax(self.out(output[0]))
        return output, hidden, attn_weights
    except Exception as err:
        logger.error(err)

def initHidden(self):
    '''
    隐含层状态初始化
    :return: 初始化过的隐含层状态
    '''
    result = Variable(torch.zeros(1, 1, self.hidden_size))
    if use_cuda:
        return result.cuda()
    else:
        return result
```

7.6.4 训练模块定义

训练模块包括训练的过程定义和评估的方法定义，在文件 train.py 中，具体代码如下：

1. 依赖引入

```
import random
import time

import matplotlib.pyplot as plt
import matplotlib.ticker as ticker
import torch
from logger import logger
from process import *
from torch import nn
from torch import optim
from torch.autograd import Variable

use_cuda = torch.cuda.is_available()
teacher_forcing_ratio = 0.5
```

2. 绘图和评估方法定义

```
def showPlot(points):
```

```python
    '''
绘制图像
    :param points:
    :return:
    '''
    plt.figure()
    fig, ax = plt.subplots()
    # 绘图间隔设置
    loc = ticker.MultipleLocator(base=0.2)
    ax.yaxis.set_major_locator(loc)
    plt.plot(points)


def evaluate(input_lang, output_lang, encoder, decoder, sentence,
max_length=MAX_LENGTH):
    '''
    单句评估
    :param input_lang: 源语言信息
    :param output_lang: 目标语言信息
    :param encoder: 编码器
    :param decoder: 解码器
    :param sentence: 要评估的句子
    :param max_length: 可接受最大长度
    :return: 翻译过的句子和注意力信息
    '''
    # 输入句子预处理
    input_variable = variableFromSentence(input_lang, sentence)
    input_length = input_variable.size()[0]
    encoder_hidden = encoder.initHidden()

    encoder_outputs = Variable(torch.zeros(max_length, encoder.hidden_size))
    encoder_outputs = encoder_outputs.cuda() if use_cuda else encoder_outputs

    for ei in range(input_length):
        encoder_output, encoder_hidden = encoder(input_variable[ei],
                                                 encoder_hidden)
        encoder_outputs[ei] = encoder_outputs[ei] + encoder_output[0][0]

    decoder_input = Variable(torch.LongTensor([[SOS_token]]))# 起始标志 SOS
    decoder_input = decoder_input.cuda() if use_cuda else decoder_input

    decoder_hidden = encoder_hidden

    decoded_words = []
    decoder_attentions = torch.zeros(max_length, max_length)
    # 翻译过程
    for di in range(max_length):
        decoder_output, decoder_hidden, decoder_attention = decoder(
            decoder_input, decoder_hidden, encoder_output, encoder_outputs)
        decoder_attentions[di] = decoder_attention.data
```

```python
            topv, topi = decoder_output.data.topk(1)
            ni = topi[0][0]
            # 当前时刻输出为句子结束标志，则结束
            if ni == EOS_token:
                decoded_words.append('<EOS>')
                break
            else:
                decoded_words.append(output_lang.index2word[ni])

            decoder_input = Variable(torch.LongTensor([[ni]]))
            decoder_input = decoder_input.cuda() if use_cuda else decoder_input

        return decoded_words, decoder_attentions[:di + 1]


def evaluateRandomly(input_lang, output_lang, pairs, encoder, decoder, n=10):
    '''
    从语料中随机选取句子进行评估
    '''
    for i in range(n):
        pair = random.choice(pairs)
        logger.info('> %s' % pair[0])
        logger.info('= %s' % pair[1])
        output_words, attentions = evaluate(input_lang, output_lang, encoder, decoder, pair[0])
        output_sentence = ' '.join(output_words)
        logger.info('< %s' % output_sentence)
        logger.info('')


def showAttention(input_sentence, output_words, attentions):
    try:
        # 添加绘图中的中文显示
        plt.rcParams['font.sans-serif'] = ['STSong']  # 宋体
        plt.rcParams['axes.unicode_minus'] = False  # 用来正常显示负号
        # 使用 colorbar 初始化绘图
        fig = plt.figure()
        ax = fig.add_subplot(111)
        cax = ax.matshow(attentions.numpy(), cmap='bone')
        fig.colorbar(cax)

        # 设置 x, y 轴信息
        ax.set_xticklabels([''] + input_sentence.split(' ') +
                           ['<EOS>'], rotation=90)
        ax.set_yticklabels([''] + output_words)

        # 显示标签
        ax.xaxis.set_major_locator(ticker.MultipleLocator(1))
        ax.yaxis.set_major_locator(ticker.MultipleLocator(1))
```

```
        plt.show()
    except Exception as err:
        logger.error(err)


def evaluateAndShowAtten(input_lang, ouput_lang, input_sentence, encoder1,
attn_decoder1):
    output_words, attentions = evaluate(input_lang, ouput_lang,
                                        encoder1, attn_decoder1, input_sentence)
    logger.info('input = %s' % input_sentence)
    logger.info('output = %s' % ' '.join(output_words))
    # 如果是中文需要分词
    if input_lang.name == 'cmn':
        print(input_lang.name)
        input_sentence = cut(input_sentence)
    showAttention(input_sentence, output_words, attentions)
```

3. 单次训练过程定义

```
    def train(input_variable , target_variable , encoder , decoder ,
encoder_optimizer, decoder_optimizer, criterion,
          max_length=MAX_LENGTH):
    '''
    单次训练过程，
        :param input_variable: 源语言信息
        :param target_variable: 目标语言信息
        :param encoder: 编码器
        :param decoder: 解码器
        :param encoder_optimizer: 编码器的优化器
        :param decoder_optimizer: 解码器的优化器
        :param criterion: 评价准则，即损失函数的定义
        :param max_length: 接受的单句最大长度
        :return: 本次训练的平均损失
    '''
    encoder_hidden = encoder.initHidden()

    # 消除优化器状态
    encoder_optimizer.zero_grad()
    decoder_optimizer.zero_grad()

    input_length = input_variable.size()[0]
    target_length = target_variable.size()[0]
    # print(input_length, " -> ", target_length)

    encoder_outputs = Variable(torch.zeros(max_length , encoder. hidden_size))
    encoder_outputs = encoder_outputs.cuda() if use_cuda else encoder_outputs
    # print("encoder_outputs shape ", encoder_outputs.shape)
    loss = 0
```

```python
    # 编码过程
    for ei in range(input_length):
        encoder_output, encoder_hidden = encoder(
            input_variable[ei], encoder_hidden)
        encoder_outputs[ei] = encoder_output[0][0]

    decoder_input = Variable(torch.LongTensor([[SOS_token]]))
    decoder_input = decoder_input.cuda() if use_cuda else decoder_input

    decoder_hidden = encoder_hidden

    use_teacher_forcing = True if random.random() < teacher_forcing_ratio else False

    if use_teacher_forcing:
        # Teacher forcing: 以目标作为下一个输入
        for di in range(target_length):
            decoder_output, decoder_hidden, decoder_attention = decoder(
                decoder_input , decoder_hidden , encoder_output , encoder_outputs)
            loss += criterion(decoder_output, target_variable[di])
            decoder_input = target_variable[di]  # Teacher forcing

    else:
        # Without teacher forcing: 网络自己预测的输出为下一个输入
        for di in range(target_length):
            decoder_output, decoder_hidden, decoder_attention = decoder(
                decoder_input , decoder_hidden , encoder_output , encoder_outputs)
            topv, topi = decoder_output.data.topk(1)
            ni = topi[0][0]

            decoder_input = Variable(torch.LongTensor([[ni]]))
            decoder_input = decoder_input.cuda() if use_cuda else decoder_input

            loss += criterion(decoder_output, target_variable[di])
            if ni == EOS_token:
                break

    # 反向传播
    loss.backward()

    # 网络状态更新
    encoder_optimizer.step()
    decoder_optimizer.step()

    return loss.data[0] / target_length
```

4. 迭代训练过程

```python
def trainIters(input_lang, output_lang, pairs, encoder, decoder, n_iters,
print_every=1000, plot_every=100,
               learning_rate=0.01):
    '''
    训练过程，可以指定迭代次数，每次迭代调用前面定义的 train 函数，并在迭代结束调用绘制图像
的函数
    :param input_lang: 输入语言实例
    :param output_lang: 输出语言实例
    :param pairs: 语料中的源语言-目标语言对
    :param encoder: 编码器
    :param decoder: 解码器
    :param n_iters: 迭代次数
    :param print_every: 打印 loss 间隔
    :param plot_every: 绘制图像间隔
    :param learning_rate: 学习率
    :return:
    '''
    start = time.time()
    plot_losses = []
    print_loss_total = 0  # Reset every print_every
    plot_loss_total = 0  # Reset every plot_every

    encoder_optimizer = optim.SGD(encoder.parameters(), lr=learning_rate)
    decoder_optimizer = optim.SGD(decoder.parameters(), lr=learning_rate)
    training_pairs = [variablesFromPair(input_lang, output_lang, random.
choice(pairs)) for i in range(n_iters)]

    # 损失函数定义
    criterion = nn.NLLLoss()

    for iter in range(1, n_iters + 1):
        training_pair = training_pairs[iter - 1]
        input_variable = training_pair[0]
        target_variable = training_pair[1]

        loss = train(input_variable, target_variable, encoder,
                 decoder, encoder_optimizer, decoder_optimizer, criterion)
        print_loss_total += loss
        plot_loss_total += loss

        if iter % print_every == 0:
            print_loss_avg = print_loss_total / print_every
            print_loss_total = 0
            logger.info('%s (%d %d%%) %.4f' % (timeSince(start, iter /
                    n_iters), iter, iter / n_iters * 100, print_loss_avg))

        if iter % plot_every == 0:
            plot_loss_avg = plot_loss_total / plot_every
```

```
            plot_losses.append(plot_loss_avg)
            plot_loss_total = 0

    showPlot(plot_losses)
```

7.6.5 训练和模型保存

该模块主要是整个训练过程，调用已经定义好的训练方法，完成整个语料上的训练，并把相应模型保存到文件，以方便随时评估和模型调用，这样不用每次都重新执行训练过程。

1. 依赖引入

```
# -*- coding: utf-8 -*-
import pickle
import sys
from io import open

import torch
from logger import logger
from model import AttnDecoderRNN
from model import EncoderRNN
from process import prepareData
from train import *

use_cuda = torch.cuda.is_available()
logger.info("Use cuda:{}".format(use_cuda))
input = 'eng'
output = 'fra'

output = 'cmn'
# 从参数接收要翻译的语种名词
if len(sys.argv) > 1:
    output = sys.argv[1]
logger.info('%s -> %s' % (input, output))
```

2. 语料处理

调用定义好的数据处理函数，完成对语料中句子对的处理。

```
# 处理语料库
input_lang, output_lang, pairs = prepareData(input, output, True)
logger.info(random.choice(pairs))

# 查看两种语言的词汇大小情况
logger.info('input_lang.n_words: %d' % input_lang.n_words)
logger.info('output_lang.n_words: %d' % output_lang.n_words)

# 保存处理过的语言信息，评估时加载使用
pickle.dump(input_lang , open('./data/%s_%s_input_lang.pkl' % (input ,
```

```
output), "wb"))
    pickle.dump(output_lang, open('./data/%s_%s_output_lang.pkl' % (input,
output), "wb"))
    pickle.dump(pairs, open('./data/%s_%s_pairs.pkl' % (input, output), "wb"))
    logger.info('lang saved.')
```

3. 训练

包括编码器和解码器的实例化,以及迭代训练过程,该示例迭代75000次,每5000次打印中间信息。

```
# 编码器和解码器的实例化
hidden_size = 256
encoder1 = EncoderRNN(input_lang.n_words, hidden_size)
attn_decoder1 = AttnDecoderRNN(hidden_size, output_lang.n_words,
                        1, dropout_p=0.1)
if use_cuda:
    encoder1 = encoder1.cuda()
    attn_decoder1 = attn_decoder1.cuda()

logger.info('train start. ')
# 训练过程,指定迭代次数,此处为迭代75000次,每5000次打印中间信息
trainIters(input_lang, output_lang, pairs, encoder1, attn_decoder1, 75000,
print_every=5000)
    logger.info('train end. ')
```

4. 保存模型

保存训练好的模型,以便之后使用。有两种保存方式:保存网络状态和保存整个网络,一般选择其中一种即可。

```
# 保存编码器和解码器网络状态
    torch.save(encoder1.state_dict() , open('./data/%s_%s_encoder1.stat' %
(input, output), 'wb'))
    torch.save(attn_decoder1.state_dict()                                   ,
open('./data/%s_%s_attn_decoder1.stat' % (input, output), 'wb'))
    logger.info('stat saved.')

# 保存整个网络
    torch.save(encoder1, open('./data/%s_%s_encoder1.model' % (input, output),
'wb'))
    torch.save(attn_decoder1 ,    open('./data/%s_%s_attn_decoder1.model'   %
(input, output), 'wb'))
    logger.info('model saved.')
```

7.6.6 评估过程

对训练好的神经网络进行评估,可以从语料中随机选取句子翻译,也可以指定句子进行翻译。对翻译过程中的注意力进行可视化,所有代码定义在

evaluate_cmn_eng.py 文件中。

1. 依赖引入

```
import pickle

import matplotlib.pyplot as plt
import torch
from  logger import logger
from train import evaluate
from train import evaluateAndShowAtten
from train import evaluateRandomly
```

2. 加载模型

```
    input = 'eng'
    output = 'cmn'
    logger.info('%s -> %s' % (input, output))
    # 加载处理好的语言信息
    input_lang = pickle.load(open('./data/%s_%s_input_lang.pkl' % (input, output), "rb"))
    output_lang = pickle.load(open('./data/%s_%s_output_lang.pkl' % (input, output), "rb"))
    pairs = pickle.load(open('./data/%s_%s_pairs.pkl' % (input, output), 'rb'))
    logger.info('lang loaded.')

    # 加载训练好的编码器和解码器
    encoder1 = torch.load(open('./data/%s_%s_encoder1.model' % (input, output), 'rb'))
    attn_decoder1 = torch.load(open('./data/%s_%s_attn_decoder1.model' % (input, output), 'rb'))
    logger.info('model loaded.')
```

3. 模型评估

```
    # 对单句进行评估并绘制注意力图像
    def evaluateAndShowAttention(sentence):
        evaluateAndShowAtten(input_lang, output_lang, sentence, encoder1, attn_decoder1)

    evaluateAndShowAttention("他们肯定会相恋的。")
    evaluateAndShowAttention("我现在正在学习。")

    # 语料中的数据随机选择评估
    evaluateRandomly(input_lang, output_lang, pairs, encoder1, attn_decoder1)

    output_words, attentions = evaluate(input_lang, output_lang,
                                        encoder1, attn_decoder1, "我是中国人。")
    plt.matshow(attentions.numpy())
```

对于给定例句的注意力图像如图 7-14 所示。

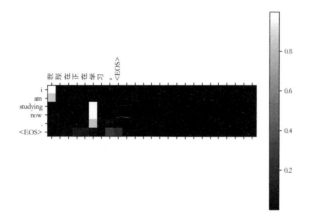

图 7-14　注意力的可视化

第 8 章
◀PyTorch项目实战▶

在前面章节中，深入阐述了 PyTorch 和深度学习的各个基础知识，包括 PyTorch 的安装、常用命令和基本操作，讲述了深度神经网络、卷积神经网络、循环神经网络和自编码器等。初步学习了深度学习在图形分类、自然语言处理等方面的应用。本章将着眼现实世界中的实际问题，运用深度学习的技术来解决。从数据的采集和预处理、模型的搭建，不断地调整模型参数，最后得到优化的结果。经历完整的开发流程，可以加深对深度学习的理解。同时，在算法的开发过程中，通过对实际场景的应用，明白各种算法的应用场景和局限，知道如何深入地调整模型结构和参数，最重要的是提高自己的工程应用能力。本章通过三个项目实战例子来介绍深度学习在实际场景——图像识别、自然语言处理及语音识别中的应用。

8.1 图像识别和迁移学习——猫狗大战

图像识别是深度学习最先取得突破的地方,其实验使用的数据集一般是MNIST 和 ImageNet。在 Kaggle 图像识别竞赛中使用的数据集都是猫和狗,因而形象地称为猫狗大战。在这一节,使用之前章节学习到的深度神经网络、卷积神经网络来对猫狗进行识别,在实验结果欠拟合的情况下,使用迁移学习这个强有力的武器,实验结果立刻提高上来。下面就让大家来开启神奇的猫狗大战之旅吧!

8.1.1 迁移学习介绍

随着深度神经网络越来越强大,监督学习下的很多场景能够很好地解决,比如在图像、语音、文本的场景下,能够非常准确地学习从大量的有标签的数据中输入到输出的映射。但是这种在特定环境下模型仍旧缺乏泛化到不同于训练环境的能力。当将训练的模型用到现实场景,而不是特地构建的数据集的时候,模型的性能大打折扣。这是因为现实的场景是混乱的,并且包含大量全新的场景,尤其很多是模型在训练的时候未曾遇到的,这使得模型做不出好的预测。同时,存在大量这样的情况,以语音识别为例,一些小语种的训练数据过小,而深度神经网络又需要大量的数据。如何解决这些问题?一种新的方法登场了,这种将知识迁移到新环境中的方法通常被称为迁移学习(Transfer Learning)。在猫和狗的图像识别中,直接使用卷积神经网络并不是很好,使用迁移学习后,识别的性能大大提高,有力地说明迁移学习的有效性。迁移学习一般用于迁移任务是相关的场景,在相似任务的数据上应用效果才是最好的。

8.1.2 计算机视觉工具包

计算机视觉是深度学习中最重要的一类应用,为了方便业者的研究和使用,PyTorch 团队开发了计算机视觉工具包 torchvision。这个包独立于 PyTorch,可以通过 pip install torchvision 安装。当然,在 anaconda 中也可以通过 conda install torchvision 来安装。在第 5 章的卷积神经网络中已经使用过部分功能,这里对 torchvision 工具做一个系统的介绍。torchvision 主要分为 3 个部分:

(1) models:提供深度学习中各个经典网络的网络结构和预训练好的各个模型,包括 AlexNet、VGG 系列、ResNet 系列、Inception 系列等。

(2) datasets:提供常用的数据集加载函数,设计上继承 torch.utils.data.Dataset,同时包括常见的图像识别数据集 MNIST、CIFAR-10/100、ImageNet、COCO 等。

（3）transforms：提供常用的数据预处理操作，主要包括对 Tensor 及 PIL Image 对象的操作。

8.1.3 猫狗大战的 PyTorch 实现

1. 数据预处理

Kaggle 竞赛的猫狗数据集在 https://www.kaggle.com/c/dogs-vs-cats/data 网址下载。在本实验中，先解压 train.zip 压缩包，得到一个 train 文件夹。在原始文件夹下，猫和狗的图片是混合放在一起的，需要通过预处理把它们分为两个文件夹 train 和 test。在 train、test 两个文件夹下分别划分 cats、dogs 两个文件夹。train 集和 test 集的数据比例为 0.9:0.1。使用 np.random.shuffle()把图片顺序随机打乱，以达到对数据集随机划分的目的。利用 shutil.copyfile()函数把图片从原始文件夹复制到目标文件下。

```python
import os, shutil
import numpy as np
import pdb
# 随机种子设置
random_state = 42
np.random.seed(random_state)
# kaggle 原始数据集地址
original_dataset_dir = 'train'
total_num = int(len(os.listdir(original_dataset_dir)) / 2)
random_idx = np.array(range(total_num))
np.random.shuffle(random_idx)
# 待处理的数据集地址
base_dir = 'cats_and_dogs_small'
if not os.path.exists(base_dir):
    os.mkdir(base_dir)
# 训练集、测试集的划分
sub_dirs = ['train', 'test']
animals = ['cats', 'dogs']
train_idx = random_idx[:int(total_num * 0.9)]
test_idx = random_idx[int(total_num * 0.9):]
numbers = [train_idx, test_idx]
for idx, sub_dir in enumerate(sub_dirs):
    dir = os.path.join(base_dir, sub_dir)
if not os.path.exists(dir):
    os.mkdir(dir)
for animal in animals:
    animal_dir = os.path.join(dir, animal)    #
if not os.path.exists(animal_dir):
        os.mkdir(animal_dir)
    fnames = [animal[:-1]+'.{}.jpg'.format(i) for i in numbers[idx]]
for fname in fnames:
```

```
            src = os.path.join(original_dataset_dir, fname)
            dst = os.path.join(animal_dir, fname)
            shutil.copyfile(src, dst)
# 验证训练集、验证集、测试集的划分的照片数目
print( dir + ' total images : %d'%(len(os.listdir(animal_dir))))
```

划分数据集完，目录树如下所示：

```
├── test
│   ├── cats
│   └── dogs
└── train
    ├── cats
    └── dogs
```

2. 配置库和参数

```
from __future__ import print_function, division
import shutil
import torch
import os
import torch.nn as nn
import torch.nn.functional as F
from torch.autograd import Variable
import numpy as np
from torch.utils.data import Dataset, DataLoader
from torchvision import transforms, datasets, utils
from torch.utils.data import DataLoader
import torch.optim as optim
# 配置参数
torch.manual_seed(1) #设置随机数种子，确保结果可重复
epochs = 10    # 训练次数
batch_size = 4 # 批处理大小
num_workers = 4 # 多线程的数目
```

3. 加载数据并做图像预处理

```
#对加载的图像做归一化处理，并裁剪为[224×224×3]大小的图像
data_transform = transforms.Compose([
transforms.Scale(256),
transforms.CenterCrop(224),
transforms.ToTensor(),
transforms.Normalize(mean=[0.485, 0.456, 0.406], std=[0.229, 0.224, 0.225])
])
#数据的批处理，尺寸大小为batch_size
#在训练集中，shuffle必须设置为True，表示次序是随机的
train_dataset = datasets.ImageFolder(root='cats_and_dogs_small/train/',
transform=data_transform)
    train_loader = torch.utils.data.DataLoader(train_dataset , batch_size=
batch_size, shuffle=True, num_workers=num_workers)
    test_dataset = datasets.ImageFolder(root='cats_and_dogs_small/test/',
```

```
transform=data_transform)
    test_loader = torch.utils.data.DataLoader(test_dataset , batch_size=
batch_size, shuffle=True, num_workers=num_workers)
```

4. 创建神经网络模型

对于猫狗分类,首先建立卷积网络模型,包括 2 个卷积层、2 个池化层和 3 个全连接层。

```
# 创建模型
class Net(nn.Module):
  def __init__(self):
    super(Net, self).__init__()
    self.conv1 = nn.Conv2d(3, 6, 5)
    self.maxpool = nn.MaxPool2d(2, 2)
    self.conv2 = nn.Conv2d(6, 16, 5)
    self.fc1 = nn.Linear(16 * 53 * 53, 1024)
    self.fc2 = nn.Linear(1024, 512)
    self.fc3 = nn.Linear(512, 2)
  def forward(self, x):
    x = self.maxpool(F.relu(self.conv1(x)))
    x = self.maxpool(F.relu(self.conv2(x)))
    x = x.view(-1, 16 * 53 * 53)
    x = F.relu(self.fc1(x))
    x = F.relu(self.fc2(x))
    x = self.fc3(x)
    return x
net = Net()
```

打印模型,显示如下:

```
"""
Net (
  (conv1): Conv2d(3, 6, kernel_size=(5, 5), stride=(1, 1))
  (maxpool): MaxPool2d (size=(2, 2), stride=(2, 2), dilation=(1, 1))
  (conv2): Conv2d(6, 16, kernel_size=(5, 5), stride=(1, 1))
  (fc1): Linear (44944 -> 2048)
  (fc2): Linear (2048 -> 512)
  (fc3): Linear (512 -> 2)
)
"""
```

5. 整体训练和测试框架

```
# 开始训练
net.train()
for epoch in range(epochs):
    running_loss = 0.0
    train_correct = 0
    train_total = 0
    for i, data in enumerate(train_loader, 0):
```

```python
            inputs, train_labels = data
            if use_gpu:
                inputs, labels=Variable(inputs.cuda()), Variable(train_labels.cuda())
            else:
                inputs, labels = Variable(inputs), Variable(train_labels)
            #inputs, labels = Variable(inputs), Variable(train_labels)
            optimizer.zero_grad()
            outputs = net(inputs)
            _, train_predicted = torch.max(outputs.data, 1)

            train_correct += (train_predicted == labels.data).sum()
            loss = cirterion(outputs, labels)
            loss.backward()
            optimizer.step()
            running_loss += loss.data[0]
            train_total += train_labels.size(0)
        print('train %d epoch loss: %.3f  acc: %.3f ' % (epoch + 1, running_loss /train_total, 100 * train_correct / train_total))
        # 模型测试
        correct = 0
        test_loss = 0.0
        test_total = 0
        test_total = 0
        net.eval()
        for data in test_loader:
            images, labels = data
            if use_gpu:
                images, labels=Variable(images.cuda()), Variable(labels.cuda())
            else:
                images, labels = Variable(images), Variable(labels)
            outputs = net(images)
            _, predicted = torch.max(outputs.data, 1)
            loss = cirterion(outputs, labels)
            test_loss += loss.data[0]
            test_total += labels.size(0)
            correct += (predicted == labels.data).sum()
        print('test  %d epoch loss: %.3f  acc: %.3f ' % (epoch + 1, test_loss /test_total, 100 * correct / test_total))
```

6. 卷积神经网络模型的实验结果

一个构造简单的卷积神经网络，经过 10 次循环后，准确率只有 84%，和传统的机器学习算法的性能差不多。后面使用成熟的卷积网络模型，这个模型经过 ImageNet 比赛的验证，对性能有一定的保障。现在深度学习的门槛越来越低，一方面，实现神经网络模型越来越简单；另一方面，业界领先的公司和顶尖实验室愿意开源共享他们的实验源码和所用的模型。

```
train 1 epoch loss: 0.162  acc: 61.691
test  1 epoch loss: 0.154  acc: 65.525
```

```
train 2 epoch loss: 0.148   acc: 68.164
test  2 epoch loss: 0.145   acc: 69.067
train 3 epoch loss: 0.138   acc: 71.587
test  3 epoch loss: 0.137   acc: 71.370
train 4 epoch loss: 0.130   acc: 74.484
test  4 epoch loss: 0.129   acc: 74.764
train 5 epoch loss: 0.119   acc: 77.163
test  5 epoch loss: 0.121   acc: 76.889
train 6 epoch loss: 0.105   acc: 80.691
test  6 epoch loss: 0.123   acc: 76.800
train 7 epoch loss: 0.086   acc: 85.061
test  7 epoch loss: 0.105   acc: 82.409
train 8 epoch loss: 0.063   acc: 89.996
test  8 epoch loss: 0.098   acc: 84.032
train 9 epoch loss: 0.038   acc: 94.598
test  9 epoch loss: 0.112   acc: 83.766
train 10 epoch loss: 0.022  acc: 97.172
test  10 epoch loss: 0.127  acc: 84.770
```

7. 卷积网络模型结果

直接使用卷积网络模型 ResNet18，把最后的全连接层改为自己的全连接层，然后更新整个网络的参数。

```
#加载ResNet18模型
model_ft = models.ResNet18(pretrained=False)
num_ftrs = model_ft.fc.in_features
model_ft.fc = nn.Linear(num_ftrs, 2) # 更新ResNet18模型的fc模型，
```

ResNet18 卷积神经网络模型的实验结果准确率只比简单卷积神经网络模型略好一点。

```
train 1 epoch loss: 0.164   acc: 61.233
test  1 epoch loss: 0.156   acc: 66.706
train 2 epoch loss: 0.150   acc: 68.234
test  2 epoch loss: 0.152   acc: 66.352
train 3 epoch loss: 0.134   acc: 73.431
test  3 epoch loss: 0.141   acc: 71.045
train 4 epoch loss: 0.123   acc: 76.062
test  4 epoch loss: 0.128   acc: 74.734
train 5 epoch loss: 0.115   acc: 78.383
test  5 epoch loss: 0.113   acc: 78.867
train 6 epoch loss: 0.107   acc: 79.799
test  6 epoch loss: 0.123   acc: 75.826
train 7 epoch loss: 0.100   acc: 81.954
test  7 epoch loss: 0.102   acc: 81.287
train 8 epoch loss: 0.093   acc: 83.462
test  8 epoch loss: 0.093   acc: 83.678
train 9 epoch loss: 0.087   acc: 84.449
test  9 epoch loss: 0.086   acc: 85.183
train 10 epoch loss: 0.081  acc: 85.835
```

```
test 10 epoch loss: 0.085    acc: 85.655
```

8. 迁移学习和实验结果

使用迁移学习的方法，首先导入预训练的卷积网络模型 ResNet18，把最后的全连接层改为自己的全连接层，然后更新整个网络的参数，这样能迅速地达到收敛。

```
#加载 ResNet18 模型
model_ft = models.ResNet18(pretrained=True)
num_ftrs = model_ft.fc.in_features
model_ft.fc = nn.Linear(num_ftrs, 2)  # 更新 ResNet18 模型的 fc 模型
```

迁移学习后的卷积神经网络模型的实验结果如下：

```
train 1 epoch loss: 0.064    acc: 89.270
test  1 epoch loss: 0.013    acc: 98.613
train 2 epoch loss: 0.011    acc: 98.191
test  2 epoch loss: 0.009    acc: 98.760
train 3 epoch loss: 0.006    acc: 99.148
test  3 epoch loss: 0.009    acc: 98.465
train 4 epoch loss: 0.004    acc: 99.441
test  4 epoch loss: 0.006    acc: 99.174
train 5 epoch loss: 0.002    acc: 99.707
test  5 epoch loss: 0.005    acc: 99.292
train 6 epoch loss: 0.002    acc: 99.816
test  6 epoch loss: 0.006    acc: 99.085
train 7 epoch loss: 0.000    acc: 99.965
test  7 epoch loss: 0.005    acc: 99.439
train 8 epoch loss: 0.000    acc: 99.991
test  8 epoch loss: 0.006    acc: 99.410
train 9 epoch loss: 0.000    acc: 99.996
test  9 epoch loss: 0.005    acc: 99.469
train 10 epoch loss: 0.000   acc: 99.991
test  10 epoch loss: 0.006   acc: 99.351
```

8.2 文本分类

文本分类是自然语言处理中一个非常经典的应用，应用的领域包括文章分类、邮件分类、垃圾邮件识别、用户情感识别等。传统的文本分类方法的思路是分析分类的目标，从文档中提取与之相关的特征，把特征送入指定的分类器，训练分类模型对文章进行分类。整个文本分类问题分为特征提取和分类器两个部分。比较经典的特征提取方法有频次法、TF-IDF 法、互信息法、N-Gram 等；分类器包括 LR（线性回归模型）、KNN、SVM（支持向量机）、朴素贝叶斯方法、最大熵、神经网络、随机森林等。

自从深度学习在图像、语音、机器翻译等领域取得成功后，深度学习在 NLP

上也使用得越来越广。在传统的文本分类中，文本表示都是稀疏的，特征表达能力弱，神经网络并不擅长对此类数据的处理；此外，需要提取特定的特征，花费时间和精力在特征分析和提取上。应用深度学习解决大规模文本分类最重要的问题是解决文本表示，再利用 CNN/RNN 等深度神经网络结构自动获取特征表达能力，去除思路繁杂的特征提取，让神经网络自动提取有效的特征，端到端地解决问题。文本表示采用词向量的方法，文本分类模型利用 CNN 等神经网络模型解决自动特征提取的问题。

8.2.1 文本分类的介绍

CNN（卷积神经网络）在图像识别领域取得了令人瞩目的成绩，可以说是深度学习崛起的突破点，具体成绩在第 5 章已有详细的介绍，这里不再赘述。但是在 NLP（自然语言处理）领域，深度学习的进展比较缓慢。念念不忘，必有回响，深度学习在 NLP 的一些领域上也取得了骄人的成绩。例如，在文本分类的任务上，基于卷积神经网络的算法就取得了比传统方法更好的结果。

现在采用 CNN 对文本进行分类，具体算法框图如图 8-1 所示。

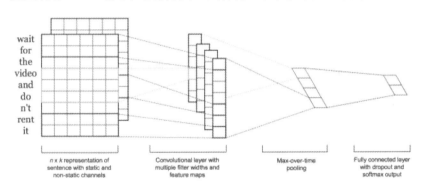

图 8-1　CNN 文本分类结构框图

CNN 文本分类的详细过程是：第一层是图中最左边的句子矩阵，每行是词向量，这个可以类比为图像中的原始像素点。然后经过 filter_size=(3,4,5)的二维卷积层，每个 filter_size 有两个输出 channel。第三层是一个 max_pooling 层，这样不同长度句子经过 pooling 层之后都能变成定长的表示，最后接一层全连接的 softmax 层，输出每个类别的概率。

特征：在 CNN 文本分类中，输入特征是词向量，可以采用预训练的词向量（GloVe）初始化词向量，训练过程中调整词向量能加速收敛，如果有大量且丰富的训练数据，直接初始化词向量效果也是可以的。

CNN 实现文本分类的原理如下：

（1）把输入的句子转化为词向量，通常使用 Word2Vec 方法实现；具体在

PyTorch 中调用 Embedding 函数。

（2）卷积神经网络由三个并联的卷积层、一个 max-pooling 层和全连接层构成。

（3）在具体的算法实践中，优化策略可以考虑 Dropout、使用预训练的 Word2Vec（比如 GloVe）、参数初始化设置等。

8.2.2　计算机文本工具包

自然语言处理是深度学习中重要的一类应用。为了方便业者的研究和使用，有团队开发了计算机文本工具包 torchtext，这个包独立于 PyTorch，一般可以通过 pip install torchtext 安装。当然，在 anaconda 中也可以通过 conda install torchtext 来安装。torchtext 主要分为以下 3 个部分。

（1）Field：主要是文本数据预处理的配置，包括指定分词方法、是否转成小写、起始字符、结束字符、补全字符以及字典等；提供词向量中各个经典网络的网络结构和预训练好的各个模型，包括 glove.6B 系列、charngram 系列、fasttext 系列等。

（2）datasets：加载函数，并提供常用的数据集，设计上继承 torch.utils.data.Dataset，同时包括常见的文本数据集的 DataSet 对象，可以直接加载使用，splits 方法可以同时加载训练集、验证集和测试集。

（3）Iterator：主要提供数据输出模型的迭代器，支持 batch 定制。

8.2.3　基于 CNN 的文本分类的 PyTorch 实现

首先，下载数据集 20Newsgroups。在本实例中，使用四个方面的文本语料：alt.atheism，comp.graphics，sci.med，soc.religion.christian。对于文本数据，首先进行分词处理，将特殊符号处理掉，留下词和标点符号，接着把处理后的文本用 TorchText 处理为词向量的形式，以便后续的神经网络模型使用。

神经网络模型是三个卷积层并联后接一个全连接层的模型。在进行神经网络的训练中，有两点需要考虑：一是预训练的词向量模型，二是神经网络模型的参数初始化。

1. 数据准备和 Torchtext

对数据进行解压并返回路径。

```
class TarDataset(data.Dataset):
"""定义一个数据集，该数据集从一个可下载的 tar 文件地址下载
    属性：
        url：URL 地址，指向一个可下载的 tar 文件地址
        filename：文件名，该可下载的 tar 文件的文件名
        dirname：文件夹名字，上层的文件夹名字，该文件夹下包含数据的压缩文件
"""
    @classmethod
```

```python
def download_or_unzip(cls, root):
    path = os.path.join(root, cls.dirname)
    if not os.path.isdir(path):
        tpath = os.path.join(root, cls.filename)
        if not os.path.isfile(tpath):
            print('downloading')
            urllib.request.urlretrieve(cls.url, tpath)
        with tarfile.open(tpath, 'r') as tfile:
            print('extracting')
            tfile.extractall(root)
    return os.path.join(path, '')
```

调用 torchtext 对 20Newsgroups 数据集进行处理,由于 20Newsgroups 数据集不在 torchtext 函数,因此需要从头构建类 20Newsgroups。

```python
class NEWS_20(TarDataset):
    url = 'http://people.csail.mit.edu/jrennie/20Newsgroups/20news-bydate.tar.gz'
    filename = 'data/20news-bydate-train'
    dirname = ''

    @staticmethod
    def sort_key(ex):
        return len(ex.text)
    def __init__(self, text_field, label_field, path=None, text_cnt=1000, examples=None, **kwargs):
    """根据路径和域创建一个 MR 数据集实例
        参数:
            文本域:该域用于文本数据
            标注域:该域用于标注数据
            路径:数据文件的路径
            实例:包含所有数据的实例
            剩余的关键参数:传给 data.Dataset 的构建器
    """
        def clean_str(string):
    """ 所有数据集的分词/字符清理,不包括 SST,代码从
        https://github.com/yoonkim/CNN_sentence/blob/master/
        process_data.py 取得
    """
            string = re.sub(r"[^A-Za-z0-9(),!?\'\`]", " ", string)
            string = re.sub(r"\'s", " \'s", string)
            string = re.sub(r"\'ve", " \'ve", string)
            string = re.sub(r"n\'t", " n\'t", string)
            string = re.sub(r"\'re", " \'re", string)
            string = re.sub(r"\'d", " \'d", string)
            string = re.sub(r"\'ll", " \'ll", string)
            string = re.sub(r",", " , ", string)
            string = re.sub(r"!", " ! ", string)
            string = re.sub(r"\(", " \( ", string)
            string = re.sub(r"\)", " \) ", string)
            string = re.sub(r"\?", " \? ", string)
            string = re.sub(r"\s{2,}", " ", string)
```

```
            return string.strip().lower()
        text_field.preprocessing = data.Pipeline(clean_str)
        fields = [('text', text_field), ('label', label_field)]
        categories = ['alt.atheism' , 'comp.graphics' , 'sci.med' ,
'soc.religion.christian']
        if examples is None:
            path = self.dirname if path is None else path
            examples = []
            for sub_path in categories:
                sub_path_one = os.path.join(path, sub_path)
                sub_paths_two = os.listdir(sub_path_one)
                cnt = 0
                for sub_path_two in sub_paths_two:
                    lines = ""
                    with  open(os.path.join(sub_path_one , sub_path_two) ,
encoding="utf8", errors='ignore') as f:
                        lines = f.read()
                    examples += [data.Example.fromlist([lines , sub_path] ,
fields)]
                    cnt += 1
        super(NEWS_20, self).__init__(examples, fields, **kwargs)
    @classmethod
    def splits(cls, text_field, label_field, root='./data',
               train='20news-bydate-train', test='20news-bydate-test',
               **kwargs):
"""根据 20news 数据集的划分子集创建数据集对象
        参数:
            文本域:   该域用于文本
            标注域:   该域用于标注数据
            训练:训练数据的名字,默认是:'train.txt'.
            剩余的关键参数:传给 data.Dataset 的构建器
"""
        path = cls.download_or_unzip(root)
        train_data = None if train is None else cls(
            text_field, label_field, os.path.join(path, train), 2000, **kwargs)
        dev_ratio = 0.1
        dev_index = -1 * int(dev_ratio * len(train_data))
        return (cls(text_field, label_field, examples=train_data[:dev_index]),
                cls(text_field, label_field, examples=train_data[dev_index:]))
```

2. 加载数据

加载 20Newsgroups 数据集:

```
# load 20new dataset
def new_20(text_field, label_field, **kargs):
    train_data, dev_data = mydatasets.NEWS_20.splits(text_field, label_field)
    max_document_length = max([len(x.text) for x in train_data.examples])
    print('train max_document_length', max_document_length)
    max_document_length = max([len(x.text) for x in dev_data])
```

```
    print('dev max_document_length', max_document_length)
    text_field.build_vocab(train_data, dev_data)
    text_field.vocab.load_vectors('glove.6B.100d')
    label_field.build_vocab(train_data, dev_data)
    train_iter, dev_iter = data.Iterator.splits(
                        (train_data, dev_data),
                        batch_sizes=(args.batch_size, len(dev_data)),
                        **kargs)
    return train_iter, dev_iter, text_field
```

3. 建立模型

建立文本分类的深度神经网络模型:

```
class CNN_Text(nn.Module):

    def __init__(self, args):
        super(CNN_Text, self).__init__()
        self.args = args

        embed_num = args.embed_num
        embed_dim = args.embed_dim
        class_num = args.class_num
        Ci = 1
        kernel_num = args.kernel_num
        kernel_sizes = args.kernel_sizes
        self.embed = nn.Embedding(embed_num, embed_dim)
        self.convs_list = nn.ModuleList([nn.Conv2d(Ci , kernel_num , (kernel_size, embed_dim)) for kernel_size in kernel_sizes])
        self.dropout = nn.Dropout(args.dropout)
        self.fc = nn.Linear(len(kernel_sizes) * kernel_num, class_num)
    def forward(self, x):
        x = self.embed(x)
        x = x.unsqueeze(1)
        x = [F.relu(conv(x)).squeeze(3) for conv in self.convs_list]
        x = [F.max_pool1d(i, i.size(2)).squeeze(2) for i in x]
        x = torch.cat(x, 1)
        x = self.dropout(x)
        x = x.view(x.size(0), -1)
        logit = self.fc(x)
        return logit
```

打印模型,模型具体如下:

```
CNN_Text(
  (embed): Embedding(53605, 100)
  (convs_list): ModuleList(
    (0): Conv2d (1, 128, kernel_size=(3, 100), stride=(1, 1))
    (1): Conv2d (1, 128, kernel_size=(5, 100), stride=(1, 1))
    (2): Conv2d (1, 128, kernel_size=(7, 100), stride=(1, 1))
  )
```

```
    (dropout): Dropout(p=0.2)
    (fc): Linear(in_features=384, out_features=4)
)
```

4. 整体算法

一般地，对于模型神经网络，需要对模型参数进行初始化：

```
def weights_init(m):
    classname = m.__class__.__name__
    if classname.find('Conv2d') != -1:
        n = m.kernel_size[0] * m.kernel_size[1] * m.out_channels
        nn.init.xavier_normal(m.weight.data)
        m.bias.data.fill_(0)
    elif classname.find('Linear') != -1:
        m.weight.data.normal_(0.0, 0.02)
        m.bias.data.fill_(0)
```

整体算法如下：

在配置参数时，使用 parser 进行配置：

```
import argparse
import datetime
import torch
import model
import mydatasets
import torchtext.data as data
import numpy as np
import random
import torch
import torch.nn as nn
import torch.nn.functional as F
import math

random_state = 11117
torch.manual_seed(random_state)
torch.cuda.manual_seed(random_state)
torch.cuda.manual_seed_all(random_state)
np.random.seed(random_state)
random.seed(random_state)

parser = argparse.ArgumentParser(description='CNN text classificer')
# 学习参数
parser.add_argument('-lr', type=float, default=0.001, help='initial learning rate [default: 0.001]')
parser.add_argument('-epochs', type=int, default=20, help='number of epochs for train [default: 20]')
parser.add_argument('-batch-size', type=int, default=64, help='batch size for training [default: 64]')
# 数据集参数
parser.add_argument('-shuffle', action='store_true', default=False,
```

```python
                    help='shuffle the data every epoch')
    # 模型参数
    parser.add_argument('-dropout', type=float, default=0.2, help='the probability for dropout [default: 0.5]')
    parser.add_argument('-embed-dim', type=int, default=100, help='number of embedding dimension [default: 128]')
    parser.add_argument('-kernel-num', type=int, default=128, help='number of each kind of kernel, 100')
    parser.add_argument('-kernel-sizes', type=str, default='3,5,7', help='comma-separated kernel size to use for convolution')
    parser.add_argument('-static', action='store_true', default=False, help='fix the embedding')
    # 设备参数
    parser.add_argument('-device', type=int, default=-1, help='device to use for iterate data, -1 mean cpu [default: -1]')
    parser.add_argument('-no-cuda', action='store_true', default=False, help='disable the gpu')
    args = parser.parse_args()

    # 加载数据集
    print("\nLoading data...")
    text_field = data.Field(lower=True)
    label_field = data.Field(sequential=False)
    train_iter, dev_iter, text_field = new_20(text_field, label_field, device=-1, repeat=False)
    # 更新参数和打印
    args.embed_num = len(text_field.vocab)
    args.class_num = len(label_field.vocab) - 1
    args.cuda = (not args.no_cuda) and torch.cuda.is_available();
    del args.no_cuda
    args.kernel_sizes = [int(k) for k in args.kernel_sizes.split(',')]
    print("\nParameters:")
    for attr, value in sorted(args.__dict__.items()):
        print("\t{}={}".format(attr.upper(), value))
    # 模型初始化
    cnn = model.CNN_Text(args)
    # weight init
    cnn.apply(weights_init)  #
    # 打印模型参数
    print(cnn)

    if args.cuda:
        torch.cuda.set_device(args.device)
        cnn = cnn.cuda()
    optimizer = torch.optim.Adam(cnn.parameters(), lr=args.lr, weight_decay=0.01)
    # 训练流程:
    cnn.train()
    for epoch in range(1, args.epochs+1):
        corrects, avg_loss = 0, 0
        for batch in train_iter:
```

```
            feature, target = batch.text, batch.label
            feature.data.t_(), target.data.sub_(1)  # batch first, index align
            if args.cuda:
                feature, target = feature.cuda(), target.cuda()
            optimizer.zero_grad()
            logit = cnn(feature)
            loss = F.cross_entropy(logit, target)
            loss.backward()
            optimizer.step()
            avg_loss += loss.data[0]
            corrects += (torch.max(logit, 1)[1].view(target.size()).data ==
target.data).sum()
        size = len(train_iter.dataset)
        avg_loss /= size
        accuracy = 100.0 * corrects / size
        print('epoch[{}] Traning - loss: {:.6f}    acc: {:.4f}%({}/{})'.
format(epoch, avg_loss, accuracy, corrects, size))
        # 测试流程:
        cnn.eval()
        corrects, avg_loss = 0, 0
        for batch in dev_iter:
            feature, target = batch.text, batch.label
            feature.data.t_(), target.data.sub_(1)  # batch first, index align
            if args.cuda:
                feature, target = feature.cuda(), target.cuda()
            logit = cnn(feature)
            loss = F.cross_entropy(logit, target, size_average=False)
            avg_loss += loss.data[0]
            corrects += (torch.max(logit, 1)
                         [1].view(target.size()).data == target.data).sum()
        size = len(dev_iter.dataset)
        avg_loss /= size
        accuracy = 100.0 * corrects / size
        print('Evaluation - loss: {:.6f}    acc: {:.4f}%({}/{}) '.format
(avg_loss, accuracy, corrects, size))
```

5. 实验结果

```
    epoch[1] Traning - loss: 0.018872  acc: 51.0827%(1038/2032)
    Evaluation - loss: 1.150355  acc: 50.6667%(114/225)
    epoch[2] Traning - loss: 0.010921  acc: 81.1024%(1648/2032)
    Evaluation - loss: 0.721688  acc: 76.4444%(172/225)
    epoch[3] Traning - loss: 0.005691  acc: 93.6024%(1902/2032)
    Evaluation - loss: 0.609476  acc: 80.4444%(181/225)
    epoch[4] Traning - loss: 0.003108  acc: 99.0650%(2013/2032)
    Evaluation - loss: 0.552103  acc: 79.5556%(179/225)
    epoch[5] Traning - loss: 0.002012  acc: 99.9508%(2031/2032)
    Evaluation - loss: 0.602819  acc: 78.2222%(176/225)
    epoch[6] Traning - loss: 0.001545  acc: 100.0000%(2032/2032)
    Evaluation - loss: 0.508443  acc: 83.1111%(187/225)
    epoch[7] Traning - loss: 0.001352  acc: 100.0000%(2032/2032)
```

```
Evaluation - loss: 0.486793  acc: 84.0000%(189/225)
epoch[8] Traning - loss: 0.001261  acc: 100.0000%(2032/2032)
Evaluation - loss: 0.534359  acc: 78.2222%(176/225)
epoch[9] Traning - loss: 0.001182  acc: 100.0000%(2032/2032)
Evaluation - loss: 0.427049  acc: 87.5556%(197/225)
epoch[10] Traning - loss: 0.001152  acc: 100.0000%(2032/2032)
Evaluation - loss: 0.467742  acc: 84.8889%(191/225)
epoch[11] Traning - loss: 0.001122  acc: 100.0000%(2032/2032)
Evaluation - loss: 0.507596  acc: 83.5556%(188/225)
epoch[12] Traning - loss: 0.001086  acc: 100.0000%(2032/2032)
Evaluation - loss: 0.494744  acc: 82.2222%(185/225)
epoch[13] Traning - loss: 0.001036  acc: 100.0000%(2032/2032)
Evaluation - loss: 0.453024  acc: 84.0000%(189/225)
```

6. 改进方法及结果

通过加载预训练的 GloVe 模型作为词嵌入模型初始参数：

```
# 加载预训练 GloVe 模型
cnn.embed.weight.data = text_field.vocab.vectors
```

结果如下：

```
epoch[1] Traning - loss: 0.015410  acc: 65.6004%(1333/2032)
Evaluation - loss: 0.915166  acc: 30.6667%(69/225)
epoch[2] Traning - loss: 0.006034  acc: 90.4528%(1838/2032)
Evaluation - loss: 0.558024  acc: 81.7778%(184/225)
epoch[3] Traning - loss: 0.003821  acc: 95.2756%(1936/2032)
Evaluation - loss: 0.320688  acc: 92.8889%(209/225)
epoch[4] Traning - loss: 0.002873  acc: 97.4409%(1980/2032)
Evaluation - loss: 0.426735  acc: 87.5556%(197/225)
epoch[5] Traning - loss: 0.002430  acc: 98.1791%(1995/2032)
Evaluation - loss: 0.319923  acc: 91.5556%(206/225)
epoch[6] Traning - loss: 0.002183  acc: 98.4744%(2001/2032)
Evaluation - loss: 0.318102  acc: 91.1111%(205/225)
epoch[7] Traning - loss: 0.001949  acc: 99.2618%(2017/2032)
Evaluation - loss: 0.354746  acc: 90.2222%(203/225)
epoch[8] Traning - loss: 0.001853  acc: 99.5079%(2022/2032)
Evaluation - loss: 0.199716  acc: 96.4444%(217/225)
epoch[9] Traning - loss: 0.001895  acc: 99.0157%(2012/2032)
Evaluation - loss: 0.233178  acc: 95.1111%(214/225)
epoch[10] Traning - loss: 0.001755  acc: 99.3110%(2018/2032)
Evaluation - loss: 0.446534  acc: 84.8889%(191/225)
epoch[11] Traning - loss: 0.001798  acc: 99.1142%(2014/2032)
Evaluation - loss: 0.390052  acc: 87.5556%(197/225)
epoch[12] Traning - loss: 0.001780  acc: 99.6063%(2024/2032)
Evaluation - loss: 0.340766  acc: 89.7778%(202/225)
epoch[13] Traning - loss: 0.001747  acc: 99.5079%(2022/2032)
Evaluation - loss: 0.169768  acc: 97.3333%(219/225)
```

文本分类结果的准确率从 **87.55%** 提高到 **97.33%**。由此可见，预训练的词向量模型对于分类准确率的提高很有作用。

8.3 语音识别系统介绍

语音识别是自动将人类语音转换为相应文字的技术。语音识别的应用包括语音拨号、语音导航、车载控制、语音检索、听写、人工交互、语音搜索、个人智能助理等。语音识别技术包括命令词识别、连续语音识别、关键词识别等。传统的语音技术是基于 GMM-HMM 模型的。语音识别系统包括图 8-2 所示的几个基本模块（在孤立词识别中，可以不用语言模型）。

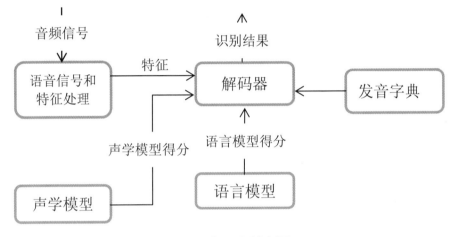

图 8-2 语音识别系统框图

- 语音信号和特征处理模块。该模块从输入信号中提取特征，供声学模型处理。
- 声学模型。典型系统多采用基于隐马尔科夫模型进行建模。
- 发音字典。发音字典包含系统所能处理的词汇集及其发音。发音字典实际提供了声学模型建模单元与语言模型建模单元间的映射。
- 语言模型。语言模型对系统所针对的语言进行建模。
- 解码器。解码器是语音识别系统的核心之一，其任务是对输入的信号，根据声学、语言模型及字典，寻找能够以最大概率输出该信号的词串。

传统的语音识别是以 GMM-HMM（混合高斯模型-隐马尔科夫）声学模型为基础的，随着深度学习的兴起，语音识别逐渐被深度学习技术改造。目前，市面上主流的语音识别系统都包含有深度学习算法。

8.3.1 语音识别介绍

在新兴的深度学习兴起以后，对语音识别的改进提供了很大的帮助。本节以简单命令词的语音识别来说明深度学习在语音识别上的应用。真正的语音识别要比这个复杂得多，就是像通过 MNIST 数据集来学习基于深度神经网络的图像识别一样，通过命令词识别来对基于深度神经网络语音识别技术有个基本的了解。学习完本节，将能够使用一个模型把 1 秒左右的音频识别为"yes""no""up""down"等十多个命令词。你还将学习到数据的预处理、音频的特征提取、模型的搭建和训练，测试及音频的识别。

8.3.2 命令词识别的 PyTorch 实现

数据集是 Google 做命令词识别的数据集 Speech Commands Dataset，整个数据集有 1GB 大小。

先将数据集 speech_commands_v0.01.tar.gz 下载下来，这是一个有 20 个单词的数据集，Google 用来做命令词识别竞赛。

1. 数据集划分

分别创建 org_data 和 data 两个文件夹，把 speech_commands_v0.01.tar.gz 复制到 org_data 文件夹下，通过命令 "tar -xzvf speech_commands_v0.01.tar.gz" 进行解压，运行命令 python make_dataset.py 进行数据集划分。训练集、验证集、测试集都生成在 data 文件夹下。make_dataset.py 代码如下：

```
#把文件从源文件夹移动到目标文件夹
def move_files(original_fold, data_fold, data_filename):
    with open(data_filename) as f:
        for line in f.readlines():
            vals = line.split('/')
            dest_fold = os.path.join(data_fold, vals[0])
            if not os.path.exists(dest_fold):
                os.mkdir(dest_fold)
            shutil.mv(os.path.join(original_fold    ,    line[:-1])    ,
os.path.join(data_fold, line[:-1]))
# 建立train文件夹
def create_train_fold(original_fold, train_fold, test_fold):
    # 文件夹名列表
    dir_names = list()
    for file in os.listdir(test_fold):
        if os.path.isdir(os.path.join(test_fold, file)):
            dir_names.append(file)
    # 建立训练文件夹train
    for file in os.listdir(original_fold):
        if os.path.isdir(os.path.join(test_fold , file)) and file in dir_names:
            shutil.mv(os.path.join(original_fold , file) , os.path.join(train_fold, file))
    # 建立数据集，train、valid 和 test
    def make_dataset(gcommands_fold, out_path):
```

```
        validation_path = os.path.join(gcommands_fold, 'validation_list.txt')
        test_path = os.path.join(gcommands_fold, 'testing_list.txt')
        # train, valid, test 三个数据集文件夹的建立
        train_fold = os.path.join(out_path, 'train')
        valid_fold = os.path.join(out_path, 'valid')
        test_fold = os.path.join(out_path, 'test')
        for fold in [valid_fold, test_fold, train_fold]:
            if not os.path.exists(fold):
                os.mkdir(fold)
        # 移动 train, valid, test 三个数据集所需要的文件
        move_files(gcommands_fold, test_fold, test_path)
        move_files(gcommands_fold, valid_fold, validation_path)
        create_train_fold(gcommands_fold, train_fold, test_fold)
    if __name__ == '__main__':
        parser = argparse.ArgumentParser(description='Make speech commands dataset.')
        parser.add_argument('-in_path', default='train', help='the path to the root folder of te speech commands dataset.')
        parser.add_argument('-out_path',default='data', help='the path where to save the files splitted to folders.')
        args = parser.parse_args()
        make_dataset(args.gcommads_fold, args.out_path)
```

2. 特征提取

在本实验中，提取音频的频谱特征。这里需要调用 librosa 库来提取特征：

```
        # 音频数据格式，只允许 wav 和 WAV
        AUDIO_EXTENSIONS = [
        '.wav', '.WAV',
        ]
        # 判断是否是音频文件
        def is_audio_file(filename):
            return any(filename.endswith(extension) for extension in AUDIO_EXTENSIONS)
        # 找到类名并索引
        def find_classes(dir):
            classes = [d for d in os.listdir(dir) if os.path.isdir(os.path.join(dir, d))]
            classes.sort()
            class_to_idx = {classes[i]: i for i in range(len(classes))}
            return classes, class_to_idx
        # 构造数据集
        def make_dataset(dir, class_to_idx):
            spects = []
            dir = os.path.expanduser(dir)
            for target in sorted(os.listdir(dir)):
                d = os.path.join(dir, target)
                if not os.path.isdir(d):
                    continue
```

```python
            for root, _, fnames in sorted(os.walk(d)):
                for fname in sorted(fnames):
                    if is_audio_file(fname):
                        path = os.path.join(root, fname)
                        item = (path, class_to_idx[target])
                        spects.append(item)
        return spects
    # 频谱加载器，处理音频，生成频谱
    def spect_loader(path, window_size, window_stride, window, normalize,
max_len=101):
        y, sr = librosa.load(path, sr=None)
        # n_fft = 4096
        n_fft = int(sr * window_size)
        win_length = n_fft
        hop_length = int(sr * window_stride)
        # 短时傅立叶变换
        D = librosa.stft(y, n_fft=n_fft, hop_length=hop_length,
                         win_length=win_length, window=window)
        spect, phase = librosa.magphase(D)  # 计算幅度谱和相位
        # S = log(S+1)
        spect = np.log1p(spect)  # 计算log域幅度谱
        # 处理所有的频谱，使得长度一致。
        # 少于规定长度，补0到规定长度；多于规定长度的，截短到规定长度
        if spect.shape[1] < max_len:
            pad = np.zeros((spect.shape[0], max_len - spect.shape[1]))
            spect = np.hstack((spect, pad))
        elif spect.shape[1] > max_len:
            spect = spect[:max_len, ]
        spect = np.resize(spect, (1, spect.shape[0], spect.shape[1]))
        spect = torch.FloatTensor(spect)
        # z-score 归一化
        if normalize:
            mean = spect.mean()
            std = spect.std()
            if std != 0:
                spect.add_(-mean)
                spect.div_(std)
        return spect
    # 音频加载器，类似PyTorch的加载器，实现对数据的加载
    class SpeechLoader(data.Dataset):
    """ Google 音频命令数据集的数据形式如下：
            root/one/xxx.wav
            root/head/123.wav
    参数:
            root (string): 原始数据集路径
            window_size:  STFT的窗长大小，默认参数是 .02
            window_stride: 用于STFT窗的帧移是 .01
            window_type:窗的类型，默认是hamming窗
            normalize: 布尔型变量，频谱是否进行归一化，归一化后频谱均值为零、方差为一
            max_len: 帧的最大长度
```

属性：
    classes (list)：类别名的列表
    class_to_idx (dict)：目标参数(class_name, class_index)(字典类型)
    spects (list)：频谱参数(spects path, class_index) 的列表
    STFT parameter：窗长，帧移，窗的类型，归一化
"""
```python
    def __init__(self, root, window_size=.02, window_stride=.01,
window_type='hamming',
                normalize=True, max_len=101):
        classes, class_to_idx = find_classes(root)
        spects = make_dataset(root, class_to_idx)
        if len(spects) == 0:  # 错误处理
            raise (RuntimeError("Found 0 sound files in subfolders of: " +
root + "Supported audio file extensions are: " + ",".join(AUDIO_EXTENSIONS)))
        self.root = root
        self.spects = spects
        self.classes = classes
        self.class_to_idx = class_to_idx
        self.loader = spect_loader
        self.window_size = window_size
        self.window_stride = window_stride
        self.window_type = window_type
        self.normalize = normalize
        self.max_len = max_len
    def __getitem__(self, index):
        """
        Args:
            index (int)：序列
        Returns:
            tuple (spect, target)：返回（spec,target），其中target是类别的索引
        """
        path, target = self.spects[index]
        spect = self.loader(path, self.window_size, self.window_stride,
self.window_type, self.normalize, self.max_len)

        return spect, target
    def __len__(self):
        return len(self.spects)
```

3. 数据准备

```
# 加载数据，训练集，验证集和测试集

    train_dataset = SpeechLoader(args.train_path, window_size=args.window_
size, window_stride=args.window_stride,window_type=args.window_type, normalize=
args.normalize)
    train_loader = torch.utils.data.DataLoader(train_dataset, batch_size=
args.batch_size, shuffle=True,num_workers=20, pin_memory=args.cuda, sampler=
None)
    valid_dataset = SpeechLoader(args.valid_path, window_size=args.window_
size, window_stride=args.window_stride,window_type=args.window_type, normalize=
args. normalize)
```

```
    valid_loader = torch.utils.data.DataLoader(valid_dataset , batch_size=
args.batch_size, shuffle=None,num_workers=20, pin_memory=args.cuda, sampler=
None)
    test_dataset = SpeechLoader(args.test_path, window_size=args.window_size,
window_stride=args.window_stride,window_type=args.window_type, normalize=args.
normalize)
    test_loader = torch.utils.data.DataLoader(test_dataset, batch_size= args.
test_batch_size, shuffle=None,num_workers=20, pin_memory=args.cuda, sampler=
None)
```

4. 建立模型

利用卷积神经网络成熟的模型框架 VGG 建立命令词识别的模型。

```
# 建立VGG卷积神经的模型层
def _make_layers(cfg):
    layers = []
    in_channels = 1
    for x in cfg:
        if x == 'M':  # maxpool 池化层
            layers += [nn.MaxPool2d(kernel_size=2, stride=2)]
        else:  # 卷积层
            layers += [nn.Conv2d(in_channels, x, kernel_size=3, padding=1),
                       nn.BatchNorm2d(x),
                       nn.ReLU(inplace=True)]
            in_channels = x
    layers += [nn.AvgPool2d(kernel_size=1, stride=1)] #avgPool 池化层
    return nn.Sequential(*layers)
# 各个VGG模型的参数
cfg = {
'VGG11': [64, 'M', 128, 'M', 256, 256, 'M', 512, 512, 'M', 512, 512, 'M'],
'VGG13': [64, 64, 'M', 128, 128, 'M', 256, 256, 'M', 512, 512, 'M', 512, 512,
'M'],
'VGG16': [64, 64, 'M', 128, 128, 'M', 256, 256, 256, 'M', 512, 512, 512, 'M',
512, 512, 512, 'M'],
'VGG19': [64, 64, 'M', 128, 128, 'M', 256, 256, 256, 256, 'M', 512, 512, 512,
512, 'M', 512, 512, 512, 512, 'M'],
}
# VGG卷积神经网络
class VGG(nn.Module):
    def __init__(self, vgg_name):
        super(VGG, self).__init__()
        self.features = _make_layers(cfg[vgg_name])   # VGG 的模型层
        self.fc1 = nn.Linear(7680, 512)
        self.fc2 = nn.Linear(512, 30)
    def forward(self, x):
        out = self.features(x)
        out = out.view(out.size(0), -1)  # flatting
        out = self.fc1(out)    # 线性层
        out = self.fc2(out)    # 线性层
        return F.log_softmax(out)  # log_softmax 激活函数
```

5. 训练算法和测试算法

训练代码如下：

```python
# 训练函数，模型在train集上训练
def train(loader, model, optimizer, epoch, cuda):
    model.train()
    train_loss = 0
    train_correct = 0
    for batch_idx, (data, target) in enumerate(loader):
        if cuda:
            data, target = data.cuda(), target.cuda()
        data, target = Variable(data), Variable(target)
        optimizer.zero_grad()
        output = model(data)
        loss = F.nll_loss(output, target)
        loss.backward()
        optimizer.step()
        train_loss += loss.data[0]
        pred = output.data.max(1, keepdim=True)[1]
        train_correct     +=    pred.eq(target.data.view_as(pred)).cpu().sum()
    train_loss = train_loss / len(loader.dataset)
    print('train set: Average loss: {:.4f} , Accuracy: {}/{} ({:.0f}%)'.format(
        train_loss , train_correct , len(loader.dataset) , 100. * train_correct / len(loader.dataset)))
```

测试代码如下：

```python
# 测试函数，用来测试valid集和test集
def test(loader, model, cuda):
    model.eval()
    test_loss = 0
    correct = 0
    for data, target in loader:
        if cuda:
            data, target = data.cuda(), target.cuda()
        data, target = Variable(data, volatile=True), Variable(target)
        output = model(data)
        test_loss += F.nll_loss(output, target, size_average=False).data[0] # sum up batch loss
        pred = output.data.max(1, keepdim=True)[1]  # get the index of the max log-probability
        correct += pred.eq(target.data.view_as(pred)).cpu().sum()
    test_loss /= len(loader.dataset)
    print(loader.split('_')[0] + ' set: Average loss: {:.4f}, Accuracy: {}/{} ({:.0f}%)'.format(
        test_loss , correct , len(loader.dataset) , 100. * correct / len(loader.dataset)))
```

6. 整体算法

```python
# 参数设置
parser = argparse.ArgumentParser(description='Google Speech Commands Recognition')
```

```python
    parser.add_argument('--train_path', default='data/train', help='path to the train data folder')
    parser.add_argument('--test_path', default='data/test', help='path to the test data folder')
    parser.add_argument('--valid_path', default='data/valid', help='path to the valid data folder')
    parser.add_argument('--batch_size', type=int, default=100, metavar='N', help='training and valid batch size')
    parser.add_argument('--test_batch_size', type=int, default=100, metavar='N', help='batch size for testing')
    parser.add_argument('--arc', default='VGG11', help='network architecture: VGG11, VGG13, VGG16, VGG19')
    parser.add_argument('--epochs', type=int, default=10, metavar='N', help='number of epochs to train')
    parser.add_argument('--lr', type=float, default=0.001, metavar='LR', help='learning rate')
    parser.add_argument('--momentum', type=float, default=0.9, metavar='M', help='SGD momentum, for SGD only')
    parser.add_argument('--optimizer', default='adam', help='optimization method: sgd | adam')
    parser.add_argument('--cuda', default=True, help='enable CUDA')
    parser.add_argument('--seed', type=int, default=1234, metavar='S', help='random seed')
    # 特征提取参数设置
    parser.add_argument('--window_size', default=.02, help='window size for the stft')
    parser.add_argument('--window_stride', default=.01, help='window stride for the stft')
    parser.add_argument('--window_type', default='hamming', help='window type for the stft')
    parser.add_argument('--normalize', default=True, help='boolean, wheather or not to normalize the spect')
    args = parser.parse_args()
    # 确定是否使用CUDA
    args.cuda = args.cuda and torch.cuda.is_available()
    torch.manual_seed(args.seed)  # PyTorch 随机种子设置
    if args.cuda:
        torch.cuda.manual_seed(args.seed)  # CUDA 随机种子设置
    # 加载数据, 训练集、验证集和测试集
    train_dataset = SpeechLoader(args.train_path, window_size=args.window_size, window_stride=args.window_stride, window_type=args.window_type, normalize=args.normalize)
    train_loader = torch.utils.data.DataLoader(train_dataset, batch_size=args.batch_size, shuffle=True, num_workers=20, pin_memory=args.cuda, sampler=None)
    valid_dataset = SpeechLoader(args.valid_path, window_size=args.window_size, window_stride=args.window_stride, window_type=args.window_type, normalize=args.normalize)
    valid_loader = torch.utils.data.DataLoader(valid_dataset, batch_size=args.batch_size, shuffle=None, num_workers=20, pin_memory=args.cuda, sampler=None)
    test_dataset = SpeechLoader(args.test_path, window_size=args.window_size, window_stride=args.window_stride, window_type=args.window_type, normalize=args.normalize)
    test_loader = torch.utils.data.DataLoader(est_dataset, batch_size=args.test_batch_size, shuffle=None, num_workers=20, pin_memory=args.cuda, sampler=None)
    # 建立网络模型
```

```python
model = VGG(args.arc)
if args.cuda:
    print('Using CUDA with {0} GPUs'.format(torch.cuda.device_count()))
    model = torch.nn.DataParallel(model).cuda()
# 定义优化器
if args.optimizer.lower() == 'adam':
    optimizer = optim.Adam(model.parameters(), lr=args.lr)
elif args.optimizer.lower() == 'sgd':
    optimizer = optim.SGD(model.parameters(), lr=args.lr, momentum=args.momentum)
else:
    optimizer = optim.SGD(model.parameters(), lr=args.lr, momentum=args.momentum)
# train 和 valid 过程
for epoch in range(1, args.epochs + 1):
    # 模型在 train 集上训练
    train(train_loader, model, optimizer, epoch, args.cuda)
    # 验证集测试
    test(valid_loader, model, args.cuda)
    # 测试集验证
    test(test_loader, model, args.cuda)
```

7. 实验结果

经过 10 轮迭代后，在验证集和测试集上的正确率都为 93%。

```
train set: Average loss: 0.0167, Accuracy: 26748/51088 (52%)
valid set: Average loss: 0.9301, Accuracy: 4984/6798 (73%)
train set: Average loss: 0.0035, Accuracy: 45661/51088 (89%)
valid set: Average loss: 0.3539, Accuracy: 6073/6798 (89%)
train set: Average loss: 0.0023, Accuracy: 47553/51088 (93%)
valid set: Average loss: 0.2900, Accuracy: 6204/6798 (91%)
train set: Average loss: 0.0018, Accuracy: 48396/51088 (95%)
valid set: Average loss: 0.2534, Accuracy: 6287/6798 (92%)
train set: Average loss: 0.0015, Accuracy: 48810/51088 (96%)
valid set: Average loss: 0.2877, Accuracy: 6285/6798 (92%)
train set: Average loss: 0.0012, Accuracy: 49255/51088 (96%)
valid set: Average loss: 0.2701, Accuracy: 6264/6798 (92%)
train set: Average loss: 0.0011, Accuracy: 49418/51088 (97%)
valid set: Average loss: 0.2382, Accuracy: 6346/6798 (93%)
train set: Average loss: 0.0009, Accuracy: 49635/51088 (97%)
valid set: Average loss: 0.2981, Accuracy: 6283/6798 (92%)
train set: Average loss: 0.0008, Accuracy: 49760/51088 (97%)
valid set: Average loss: 0.2502, Accuracy: 6365/6798 (94%)
train set: Average loss: 0.0007, Accuracy: 49959/51088 (98%)
valid set: Average loss: 0.3246, Accuracy: 6290/6798 (93%)
test set: Average loss: 0.3004, Accuracy: 6380/6835 (93%)
```